快如[illegible]电

灵缇·格力犬

顾问 吴东霖
主编 王 晓

陕 西 出 版 集 团
陕西科学技术出版社

图书在版编目(CIP)数据

灵缇·格力犬/王晓主编.—西安：陕西科学技术出版社,2010.1

ISBN 978-7-5369-4678-1

Ⅰ.灵… Ⅱ.王… Ⅲ.犬-驯养 Ⅳ.S829.2

中国版本图书馆 CIP 数据核字(2009)第 156518 号

内容简介

这本《灵缇·格力犬》单犬种全彩专辑汇集了权威灵缇俱乐部、赛道犬权威机构的研究成果及资料文献，汇集了国内外著名专业犬舍的饲养训练实践经验，从灵缇的起源发展、格力犬的由来、犬种标准、犬展展示、赛道比赛、竞赛训练、运动犬管理、运动伤害等方面进行了详细介绍，并配以大量高质量的图片予以对照说明，知识专业、内容丰富、通俗易懂，极具实用性、科学性及欣赏性。

出版者	陕西出版集团　陕西科学技术出版社 西安北大街 131 号　邮编 710003 电话(029)87211894　传真(029)87218236 http://www.snstp.com
发行者	陕西出版集团　陕西科学技术出版社 电话(029)87212206　87260001
印　刷	成都时时印务有限责任公司
规　格	880mm×1230mm　大 32 开本
印　张	4
字　数	115 千字
版　次	2010 年 1 月第 1 版 2010 年 1 月第 2 次印刷
定　价	25.00 元

快如闪电——

灵缇·格力犬

如光线般迅速，如燕子般优美，如所罗门一样聪明。这是人们对灵缇的评价。它的声名显赫，踪迹遍布世界各地。它有着古老的历史，从远古时候起，它就是贵族的象征。

灵缇是一个非常古老的犬种，于9世纪起源于英国，所以又称为英国灵缇。但如果再继续往前深究下去，灵缇的历史则可以追溯到四千多年以前，它的祖先应是来自尼罗河畔的古埃及灵缇。灵缇，其英文为 Greyhound，英文名与"快速"同义，可见速度快是这种狗的最大特点。灵缇天生善于奔跑，有着皮鞭般的腿、钢架般的腰、雕像似的内缩腹部、弦弓般的脖子以及如猫般轻盈的脚。它的这些身体特征极富动感，让人觉得其休息时也好象在跑动。我们在15世纪的书中也能找到关于灵缇的描述：头像蛇，颈像鸭，背像天平，游动时像鱼，尾巴像老鼠，脚像猫。

灵缇雕琢般的脸形和威严的表情反映它系出名门，有着高贵的气质，有时被人认为有点自负高傲，这可能是因为它长期生活在皇室里为国王和王后们服务所养成的习性。有时显得很冷淡，即使对家人也有距离，不像其他狗那样成天围着主人转。不过这种狗是很忠心的，对于主人的命令它是乐于执行的。灵缇是自在的，在宽阔的草场，在无边的旷野，那是它们自由飞奔的天堂。灵缇又是很有规矩的，它沉稳下来时就像一棵树，静静的站立在那里。静下来的时候它显得有些压抑，可能它也相信，不是在沉默中死亡，就是在沉默中爆发，它的压抑也许是为下一次爆发积蓄更大的能量吧。

在平时，灵缇是不起眼的，显得很沉静，它的心时刻都在赛场，它渴望在赛道上追逐自己的梦想。一旦上了赛道，它就精神焕发，发令枪一响，它便似闪电一样在人们的呐喊声中，如一阵风飞奔而去，你还没来得及看清楚，它早已远去，留在你眼前的只是隐隐约约的背影及扬起的一片沙尘。眨眼间的功夫，它已飞至终点，在那里，等待它的是人们热烈的欢呼与无尽的掌声。

灵缇的速度令人们惊叹，灵缇的赛道比赛令无数人痴迷。在欧美国家及澳大利亚，灵 缇的赛道比赛已经成为继赛马之后又一体育竞技博彩项目，这种赛事十分频繁，参与者众多。近年来，一些爱好者将犬的赛道比赛引入国内，并从国外引进了一批专用于赛道比赛的灵缇，有些人为了把用于赛道比赛的灵缇同一般只用于体形展示的灵缇区分开来，给用于赛道比赛的灵缇取了一个新的称呼——格力犬！格力犬这一说法便在我国流行开来。灵缇的赛道比赛（格力犬）也渐渐在国内兴起，虽然少了博彩的性质，但比赛过程的刺激性、惊险性、曲折性，使这种比赛极富娱乐色彩，这也是赛道比赛大受欢迎的原因。

灵缇就是这样一种动静和谐统一的狗。安静时，它举止浑然天成，中规中矩。奔跑时，它活力四射，快如闪电。它既可以是赛跑健将，又可以是受人疼爱的宠物，对此，我们是不必感到惊讶的。现在，你是不是已经喜欢上了灵缇了呢？如果是，那就去寻找一只与你有缘的狗狗，将它带回家吧！

编　者

CONTENTS 目录

第四章　灵猩·格力犬的饲养管理

第五章　赛道犬的比赛训练

第一章

灵猩·格力犬的起源

灵猩是古老的犬种，在12世纪的书卷中我们能够看到那时它就与王公贵族一起在桌上用餐，一起外出打猎。

灵猩的起源

关于灵猩的起源，从最早的文物资料上可以追溯到古埃及王国，但那时的“灵猩”仅仅是个趋形。灵猩随它的猎物野兔所追逐过的足迹，曾遍布波斯、希腊、罗马和北欧。有许多资料显示，这种狗是由腓尼基人或居尔特人带到英伦诸岛；到18世纪中后期时灵猩的体型在英国得到了固定。

尼罗河一带的村庄，其炽热的沙滩是灵猩的故乡，因为法老王会将这些大型犬用来作为运动竞赛或是狩猎。我们对灵猩的最早了解来自尼罗河流域埃姆顿坟墓的出土文物，埃及古生物学家认为这些文物属于第四王朝，在公元前2900年到公元前2751年之间。在这些远古坟墓的墓刻中，从许多描绘场景我们可以清晰的看到有类似灵猩这种类型的狗狗。有的墓刻描绘这种狗正在捕猎追逐鹿，而有的墓刻则描绘这种狗正在追猎像山羊的长角动物。这些墓刻中的狗狗都有着环形的尾巴，这与今天的灵猩极其相似。

灵猩的英文“Greyhound”有着“快速”的意思。对于“Greyhound”这个名字的起源，现仍存在着一定的争论，有人认为它源自“Graius”，意思是希腊的，因为这种犬受到古希腊人的高度尊重。而另一些人则认为它来自古不列颠语“grech”或“greg”，意思是一头犬，还有一些认为用这个名字是因为灰色曾经是这个品种的主要颜色。

灵猩有着深厚的文化与贵族背景。它是埃及皇室的宠物，并受到各国王室喜爱，这也使得它享受着与贵族身份相符的一些特别待遇。它繁殖和饲养在奢华的环境中，我们从12世纪的一些书中得知，它们那时曾同王公贵族们一起用餐，当贵族们上教堂时，通常也带着这种猎犬和猎鹰一同前往。当时它们的耐心足以忍受贵族的狂欢宴会，而冗长的礼拜祭典，也没有使它们丧失应有的活力。

与灵猩有关的古老传统世代流传，在非常早的时期它们就被发现于英国，事实上，公元 9 世纪的公元 9 世纪的画作中就能看到它们的身影；虽然不知在有此之前多少个世纪，灵猩就在英国被知晓，但我们有理由相信这种猎犬在那里确实存在了很长一段时间。

英国的灵猩是经由希腊进入欧洲，并且由腓尼基人带入了英国。有人认为现代灵猩便是由“希腊灵猩”衍生出来的，带入英国的西班牙灵猩有助于该品种的培育。国王亨利八世统治时期该犬种被训练用来追取野兔或追猎。后应女皇伊丽莎白一世的要求，诺福克公爵为这种户外视猎犬订立了评定标准，从而确定了现代灵猩的体型。

野兔是灵猩天生的猎物，灵猩追捕野兔的狩猎活动已持续了很久。灵猩时常被用于捕猎，几乎所有的小型野兽，包括鹿、公火鸡、狐狸等。事实上，狩猎已经在英国有组织地开展了近两个世纪。

在 16 世纪早期，灵猩被西班牙探险队带到美国。灵猩与獒一起被用于守护、捕猎、威吓和惩罚他的敌人。曾在美国革命中辅助华盛顿将军的德国职业军官福内德里希·冯·施托伊本男爵，常常由一只名叫亚速的灵猩所陪伴。历史上众多灵猩的主人中最值得赞扬的人之一是乔治·卡斯特将军。卡斯特特别喜欢灵猩和猎鹿犬，他曾带着大约 40 只的猎犬群旅游。一本书中描述到，1876 年卡斯特在他到小比格霍恩河进行至关重要的探险之前为猎犬举办了一次竞赛。

灵猩很早就出现在美国的犬展中。1877 年，早期西敏寺养犬俱乐部犬展

的目录就有包括18只灵猩;在1885年,美国养犬俱乐部(AKC)优良品种登记簿第二版的灵猩品种中就有3只公犬和5只母犬的名单。

到1912年,O·P·史密斯发明的机械制诱饵导致了在20世纪20年代灵猩追踪比赛的传入,使人们对这个品种更加感兴趣。1920年起,美国出现一种"赛狗大赛",人们用灵猩来追捕运动场上的电动兔。这种竞赛是相当无情的,因为当狗儿过了它的赛跑巅峰年龄后,就要面临被杀的命运。在这种情形下,有许多狗在赛跑场奔驰一年后,就被人宰杀。所幸,后来社会上成立了一些活跃且成功的收养狗的组织,使它们老有所终。

◆西班牙灵猩起源

西班牙灵猩(Spanish Greyhound)古代就有罗马人饲养这种视猎犬,不过该犬种进入西班牙要更早。有些人认为这种西班牙灵猩的祖先可能是在9世纪由摩尔人带入西班牙。西班牙灵猩为西班牙贵族所重视,主要用于竞技比赛。为了获得跑得更快的犬种,让灵猩与其他许多犬类杂交培育英国西班牙犬种。许多西班牙灵猩被带入爱尔兰和英国,特别是在16、17、18世纪,这种现象更为明显。如今该类犬仍然得到西班牙猎人的普遍使用。

◆匈牙利灵猩起源

匈牙利灵猩(Hung Greyhound)祖先被认为是亚洲灵猩,9世纪由

相关链接

在AKC(美国养犬俱乐部)犬种标准中,目前只承认灵猩(Greyhound)与意大利灵猩(Italian Greyhound)两种冠有灵猩名称的犬种;灵猩也常称为英国灵猩或大灵猩,意大利灵猩也常被称为小灵猩。在FCI(世界畜犬联盟)犬种标准中则承认5种,即灵猩、西班牙灵猩、匈牙利灵猩、阿拉伯灵猩、意大利灵猩,比AKC多承认3种。

马扎尔人带入匈牙利，很有可能与当地的猎犬进行了杂交。19 世纪，匈牙利灵猩与灵猩杂交，以培育跑得更快的犬种。匈牙利灵猩最先原名是 Magyar Agar（Agar 在匈牙利语中为“灵猩”的意思。

◆意大利灵猩起源

意大利灵猩（Italian Greyhound）这是一种十分古老的犬种，可能是埃及灵猩的变异犬种。早在公元前 5 世纪便经由希腊带入意大利，这一点可由大量的花瓶和混料罐上的画来考证。意大利灵猩在罗马帝国十分常见，贯穿整个中世纪，最宠爱该类犬的莫过于那些文艺复兴时期的贵族们。该类犬是意大利及国外艺术大师们普遍采用的绘画素材。意大利灵猩为该时代的精英所宠爱，从国王 Francois 一世，到腓特烈大帝。接着人们对该犬的兴趣日益减少，那是因为小型犬种的流行使其数量减少。二战后，该类犬得到再生，又恢复了早期的特征。1968 年制定标准。

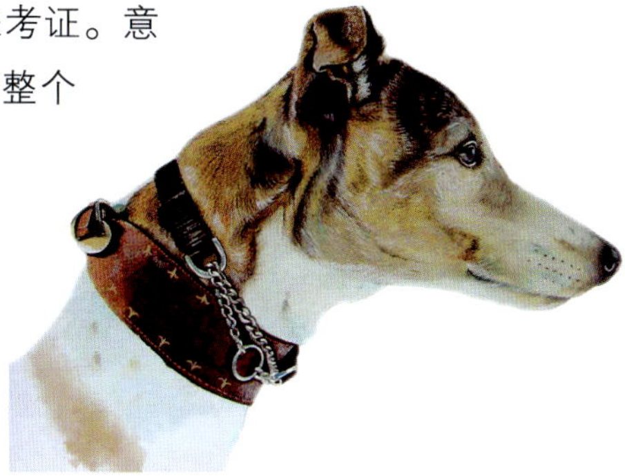

◆阿拉伯灵猩起源

阿拉伯灵猩（Arabian Greyhound）祖先可能是大埃及灵猩，与居住在北非的阿拉伯人有联系，该犬种以突尼西亚的一个城市命名，在摩洛哥特别常见，在那里被用来狩猎野兔和瞪羚。阿尔及利亚战争后，大约 1860 年法国士兵把第一批阿拉伯灵猩带入法国。目前阿拉伯灵猩是最稀少的视猎犬犬种。

格力犬名称的由来

2000 年前后随着国内犬业的发展，先后有一批视觉猎犬灵猩（也称英国灵猩）、意大利灵猩进入中国，而灵猩因其修长的身材、高大的个体、流线型的躯体、高贵的气质而受到人们喜爱，特别是其闪电般的速度，每一块为奔跑而生长的肌肉，这些都给一批犬迷们留下了深刻的印象，这使灵缇在很短的时间内发展起来，在全国各地的犬展上也能看到它的身影。后来有人在澳大利亚的赛道比赛中发现有另外一种神形皆十分相似灵缇的犬——澳大利亚灵缇（australia Greyhound）——它们在赛道上飞驰，其速度更快，爆发力更强。他们被深深吸引，便从澳大利亚引进灵缇，为了区别于以前引进的灵缇有人便给其取了一个中国化名字——格力犬！从澳大利亚引进这种赛道犬后，相关人士便将犬的竞速赛这一比赛方式引入国内，新颖、刺激的比赛过程迅速深深地吸引了人们，格力犬的威名便传遍四方，从此，格力犬这一提法便渐渐传开了。一时间格力犬红遍狗市。

格力犬与灵缇的关系

灵缇、意大利灵缇、阿拉伯灵缇起源、匈牙利灵缇、西班牙灵缇都有着共同的祖先，都是源自古埃及的古老灵缇。而格力犬则是专用于赛道比赛的灵缇，所以格力犬与意大利灵缇、阿拉伯灵缇起源、匈牙利灵缇、西班牙灵缇等有着远亲关系。格力犬的这种改良是在灵缇的基础上为适应赛道比赛而做的改良，为了最大限度提高成绩而做的改良。这种改良还会进行下去，直至有一天认为这样的体型结构就是最佳组合为止。

现在国内犬业界关于格力犬是不是灵缇的争论很激烈。有说格力犬就是灵缇，有说格力犬不是灵缇的。其实下面这几种观点都是有一定道理的，但认识又是不全面的。

认为格力犬就是灵缇的人大致是依据这样的观点：一是认为格力犬是澳大利亚灵缇，是灵缇的改良品种，当然也仍属于灵缇；二是有人将灵缇这一概念扩大化了，将所有灵缇类犬种都归在了古老灵缇的品种之下，然而在现行的在犬种标准中，灵缇其实就是指英国灵缇，它不包括意大利灵缇、阿拉伯灵缇、匈牙利灵缇、西班牙灵缇，而有些人认为格力犬就是灵缇也许将它们都归在了一起，认为以上品种都是灵猩的一种。

认为格力犬不是灵猩的人则大致是依据这样的观点：一是格力犬是灵猩的改良品种，与灵猩在外形上已有一些差别，所以格力犬不是灵猩；二是灵猩是一个被 AKC 与 FCI 等国际权威犬业组织公认的犬种，有着被统一认可的犬种标准，而格力犬并没有权威认可标准。

另外还有一个问题就是，有人认为：格力犬 = 澳大利亚灵猩= 赛道犬。对这种说法，大家也有些争论。因为目前国内引进的赛道犬多为澳大利亚灵猩（也即灵猩在澳大利亚的改良品种），这种犬就称为格力犬，但现在不是只有澳大利亚在开展赛道比赛，像英国、美国等国家的犬的赛道比赛也很流行，那么从这些国家引进回来的赛道犬（也是灵猩为了比赛的改良品种），而不是澳大利亚的改良灵猩，对于这种犬是不是就不叫格力犬呢?所以有人对格力犬进行了新的定义：格力犬在中国它专指类似于澳洲灵猩身体结构的犬，其驯养操作、娱乐形式、血统选择、谱系跟踪、价值形成等都与赛道比赛密切相关，这样一种犬在中国便称为格力犬。

对于以上一些争议，我们应该理性的加以分析。其实所谓格力犬就是灵猩，是专用于赛道比赛的灵猩，是为了赢得比赛的赛道犬。作为赛道

相关链接

国外的灰狗（包括所有灵猩类的犬种）繁殖犬舍主要分为两类：一类是繁育用于参加标准展示竞赛的，这种狗狗追求的是外形的完美无缺，结构比例和谐、气质高贵、步态优美等。另一类则繁育用于赛跑，这类犬舍追求的是速度更快，赢得更多的赛道比赛冠军，这一类的犬舍注重比赛实用性，对于犬是否符合相关犬种标准并不重视，英国、美国和澳大利亚等国家这类繁殖犬舍比较多。

犬它追求的是竞速比赛能否夺冠，至于是不是完全符合灵缇的犬种标准那就不重要了，所以一些繁殖者就为了赢得比赛而对灵缇体型改良，而这种改良不是以体型标准作改良依据，而是以速度为依据。假如当它真的就是一只很纯种的灵缇，但它同样能常常在赛道上夺冠，那它既是一只体型标准的灵缇，也是一只完美的赛道犬。而对于在体型展示比赛中的灵缇则是要求体形优美、协调，需符合相关犬种标准，作为标准要求，也要求它有很好的速度，但至于能否在赛道上取得好成绩那就是其次了。所以，可以这样说：格力犬就是灵缇，是一专门用于赛道比赛的灵缇。

灵缇的故事与传说

在欧洲的文学作品及一些文献资料中我们都能找到关于灵缇的故事，在一些乡村我们也能听到许多灵缇的古老传说，对于这些故事与传说，我们或许无法证实它们的真假，但完全不妨碍我们喜欢它们。

◆英国民谣：鹿角树

在英国有一首广为流传的民谣，这首民谣记叙的是一只灵缇追赶一头雄鹿，经过长距离的一路狂奔后，双方都因精疲力竭而倒地气绝身死。

这首民谣讲述的是 14 世纪时，发生在苏格兰的一个真实故事：

苏格兰有一个国王叫爱德华·巴利奥，他非常喜欢捕猎。有一天，他在皇家公园让灵缇去追逐雄鹿。在灵缇的快速追逼之下，雄鹿情急之下竟跃过高高的木篱笆逃离公园，他立即带了一只灵缇沿着雄鹿飞奔的方向追随而去，追赶了近 20 公里之远，直到跑到一个叫瑞德特克的地方时，雄鹿才折返回方向向公园跑去，这可是空前距离超长的双向往返追赶赛。当雄鹿抵达公园时已筋疲力尽，但它还是奋力一跃，要跳进公园里，但当雄鹿跃过篱笆的那一刻，它终因力竭而死掉。灵缇如影随形，此时也与雄鹿仅一步之隔，到达篱笆前时它已双腿疲软，它耗尽最后一口气，努力的试着要跳过篱笆，但它没有成功，它重重摔在地上，死在篱笆下的另一端。

看着篱笆两端死去的灵猩与雄鹿，爱德华·巴利奥国王伤心不已。悲剧发生后，国王立誓绝不忘记这悲惨的一天，他便命令下属截下鹿角，系在靠近悲剧现场的小橡树上。

很多年以后，小橡树成了大橡树，粗壮的树干及繁茂的枝叶吞没了鹿角。人们为了不让后代遗忘此事，他们就将新的鹿角系在树上。此后，只要鹿角为枝叶所吞没，人们便又会系上新的鹿角。渐渐的这一传统便沿袭下来，这个故事也流传至今，人们也将这颗具有传奇色彩的橡树称为“鹿角树”。

◆罗马史诗：变形记

罗马诗人奥维德著名的史诗《变形记》中，描述了一只无所不能的灵猩：无论是高悬的峭壁，还是在崎岖山路，它都能健步如飞；无论是溪流淙淙的峡谷，还是乱石嶙峋的蛮荒之地，它都如履平地。史诗中这只灵猩都追随着它心爱的主人阿克提昂，阿克提昂被女神戴安娜变成一头鹿，之所以如此，是因为他竟然大胆窥视戴安娜的裸体。阿克提昂在变成鹿之后，他忠诚的灵猩不认识他了。尽管阿克提昂泪流满面，苦苦哀求他的狗，但狗始终还是认不出鹿头鹿身的竟是它的原主人，这只狗追猎着这只“鹿”，最后阿克提昂的性命竟然被他养的狗给结束了。阿克提昂因为亵渎女神而受到惩罚，如果他知道会有结果这样的后果，他肯定不敢胆大妄为了。

◆爱情故事：忠心的灵猩

灵猩是很灵敏的，它的忠心也是为人们津津乐道的。在爱尔兰伟大的爱情故事《崔斯坦和伊索德》中，里头有只名叫“荷丹”的灵猩。这只狗是崔斯坦送给伊索德的爱情礼物，当崔斯坦不在她身边时，这只灵猩能陪伴她玩耍，以解除她的相思之苦。每当崔斯坦出门后，荷丹就日夜蹲伏在伊索德身旁，时时刻刻的陪伴着她，守护着她。荷丹对那些想接近伊索德的男人，会毫不留情地将他们咬伤。

◆爱尔兰神话：苦涩的爱

在爱尔兰，有这样一个神话故事：在7世纪时，爱尔兰莱诗特的罗马王子认为他的儿子与自己的年轻美丽的妻子有越轨之事，他便在饭桌上将儿子杀死了。忠心的灵猩知道国王错杀了王子，它守在王子的尸体旁边，不吃不喝，悲痛欲绝。几天后，国王才知道他误会了自己的儿子，犯下了这种可怕的错误。于是，连续三天三夜，他哀伤地坐在儿子被杀死的椅子上。

这则叙述灵猩的忠诚中带有苦涩的爱，也说明了这种有高度灵性的狗通常是个不经意的插曲。

◆克努特法规定：地位低下者不得接近灵猩

中世纪时，丹麦人征服了许多现在属于英格兰的地区。1016年，在威彻斯特举行的议会上颁布了著名的克努特法。克努特法第31条规定：

身份地位低下的人不得接近灵猩，但自由人可以接近灵猩。如果在皇家御猎场前擅自停留，他们将被处以割掉膝盖的惩罚，如果他们在皇家御猎场边界10米以外，将不会被割掉膝盖。但是如果他们接近皇家御猎场，每接近1米将会被罚款12便士；但如果在皇家御猎场里发现有其他人的灵猩，其他人的灵猩会被没收，并付给国王10先令。

第二章

灵猩标准与其他相似犬的区别

战神

犬种标准是犬种外形固定后，经权威犬业组织公布的犬种外形标准，是确认某一犬种的依据，更是区别于其他犬种的依据。

灵猩品种标准

头部 头长而且狭窄，两耳之间的部分平坦宽阔，头盖骨扁平，几乎没有凹陷的痕迹；其吻部长度适中，吻部有力但不粗糙。牙齿坚固而且整齐。

头长而狭窄

耳朵 耳朵较小，呈玫瑰耳形；除兴奋时不完全竖起外，平常耳朵低垂而合拢。

眼睛 眼为椭圆形，黑色；眼睛明亮，充满智慧，透着活力。

颈部 长而且肌肉发达，但无垂肉，颈部略呈弓形，延伸至肩部逐渐加宽。

肩部 倾斜度大，肩部肌肉发达，但不显笨重。

胸部 胸部深陷，胸应足够宽阔以适应其快捷的速度，肋骨长且相当有弹性。

背部 背部肌肉十分发达，且很宽阔。

腰部 腰部肌肉强度适中，腰呈弓形，在腰窝处适当收缩。

腰呈弓形，后腿发达有力

前躯 前肢长，完全直立，肌肉发达；前肢与肩部完美连接，前肢既不向外弯也不向里弯，系部健壮有力。

后躯 后腿长，后腿肌肉十分发达而有力，后肢宽阔，落地自然；后腿膝关节适当弯曲。跗关节适当弯曲而且十分贴近地面，宽但前面和后部较直。

脚部 脚部坚硬紧凑，比猫脚更轻，趾关节上有强而有力的脚爪。

尾巴 尾巴长，尾根粗，朝尾尖逐渐变纤细，尾略向上卷曲，摆动低。

被毛 被毛短、光滑、细腻、浓密，紧贴皮肤。

毛色 无关紧要。为黑色、白色、红色、蓝色、黄褐色、淡黄褐色，带有条纹或任何这种毛色带有白色斑点。

外形评分标准 整体对称性和特性 10 分；头部和颈部 20 分；胸和肩 20 分；背 10 分；四肢 20 分；腿和脚 20 分；合计 100 分。

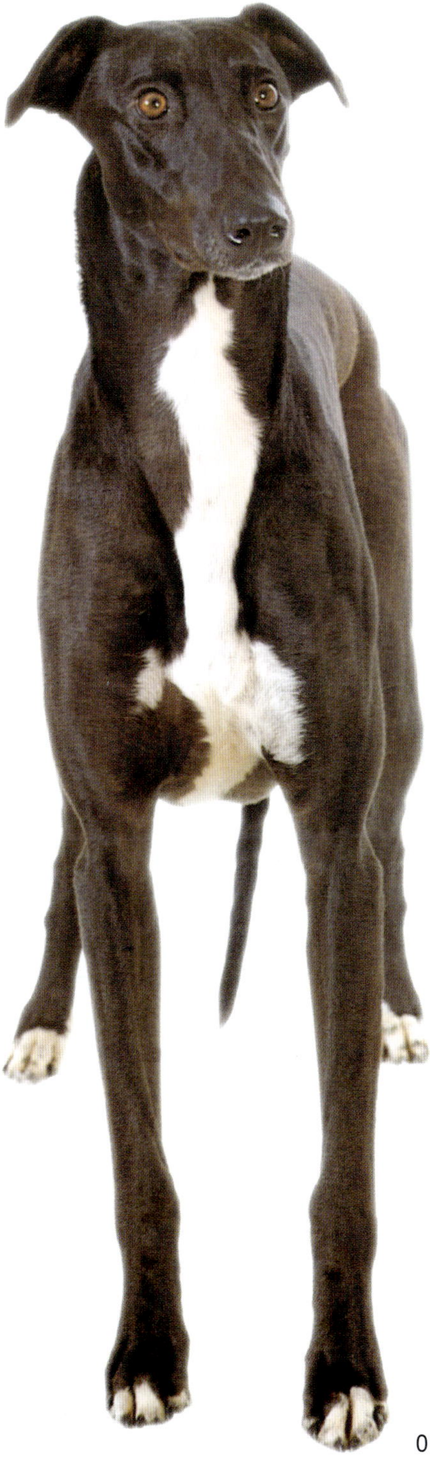

西班牙灵缇

头部 头部狭长而窄，轮廓清晰而分明，头盖骨不很宽阔。鼻梁很小且有点弯曲，吻部长而窄，嘴唇紧闭。鼻子小，呈黑色。

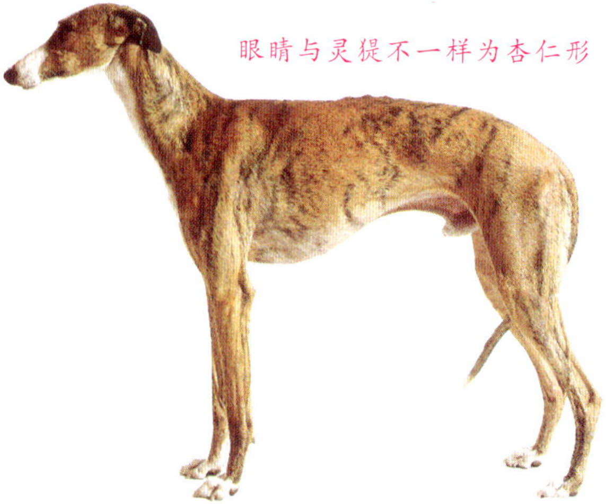

眼睛 眼睛较小，呈杏仁形，两眼倾斜。眼色为深褐色，眼睑黑。

耳朵 耳根较高，耳根宽，耳朵呈三角形，耳尖略圆。休息时耳朵呈玫瑰状，并沿头部平贴。

躯干 躯干强壮健硕，结构微呈正方形。颈部长而健壮，胸部不很宽但体积很大。腰呈弓形，腰部长而健壮。背部直而长，臀部长，强壮，呈弓形弯曲。

四肢 后肢强健，肌肉发达，前肢细长，脚趾兔形并拢，爪垫坚韧。

尾巴 尾根低，尾根粗，尾巴细长，朝尾尖逐渐变细。休息时尾巴成镰刀尾，尾尖向内弯曲成钩状，尾巴摆动灵活。

被毛 被毛很短，十分细腻，平滑而稠密，大腿背面毛要长些。对于硬毛犬类，毛长度中等，形成一簇小胡须，髭须，眉毛和头髻。

毛色 各种颜色均可。理想毛色为：深褐色带有斑纹；黑色；深黑色和浅黑色带有斑点；深栗色；肉柱色；黄色；红色和白色。

大小 60～70 厘米。

体重 23.5～27.5 千克。

匈牙利灵缇

头部呈长三角形

头部 头部像一个长三角形，头盖骨相当宽，鼻梁有斑点，吻突结实，下颌有力。

眼睛 眼睛中等大小，褐色最佳。

耳朵 耳根高，中等大小，半下垂，呈 V 字形。

躯干 躯干长，肌肉发达。颈部发达。胸部宽深，胸微弯曲。背部结实，相当宽，背直。臀部宽，微倾斜。

四肢 四肢长，轮廓清晰分明，强健，肌肉发达，骨骼坚硬。

尾巴 尾巴长，但不太细，尾尖微弯曲，总是在背线以下摆动。

被毛 被毛紧贴皮肤，不是太细腻，冬天毛厚。

毛色 各种颜色都被认可。毛色为单色，带斑点或玟纹。

大小 65～70 厘米。

体重 24～30 千克。

意大利灵猩

头部 头部长而窄，头盖骨扁平，脸颊轮廓分明，吻尖，嘴唇薄。

眼睛 眼睛大，色暗。眼睑边缘有颜色。

耳朵 耳根高，耳朵小，耳朵沿上部折叠。

躯干 躯体呈正方形。颈部呈短锥形，无垂肉。肩高明显。胸部深陷，窄。背部呈弓形，臀部倾斜，宽，肌肉发达。

四肢 四肢细长，轮廓分明，脚小，脚趾并拢，呈弓形，爪垫有色。

意大利灵猩为最小的视猎犬

尾巴 尾根低，尾根都较细，朝尾尖逐渐变得更细。尾巴上半部摆动低、尾巴直，尾巴后半部则弯曲。

被毛 被毛紧贴皮肤，而且细腻。

毛色 毛色为单色或任何色调的黑色、灰色、石板灰、石板色或黄色，只有胸部和脚上才允许有白色。

大小 32～38 厘米。

体重 5 千克。

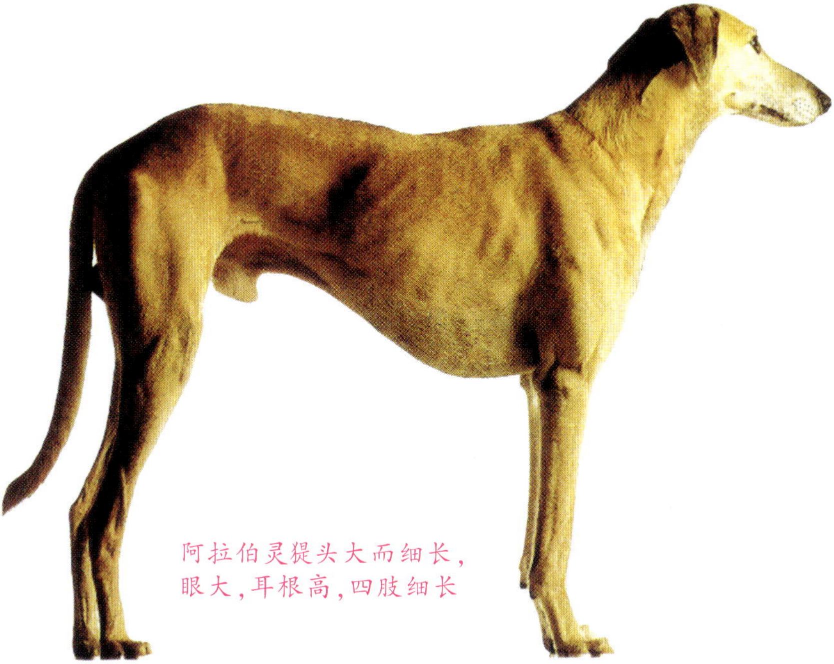

阿拉伯灵缇头大而细长，
眼大，耳根高，四肢细长

阿拉伯灵缇

头部 头部大而细长，姿态优雅。头盖骨扁平，相当阔，背部圆，鼻梁小直。吻呈拉长的楔形，下颌有力，嘴唇薄，柔软。

眼睛 眼睛大，眼睑微微倾斜，如果被毛是浅色，则眼睛为暗色或琥珀色。

耳朵 耳根高，下垂，紧紧沿头部平贴，耳朵不是很大，呈三角形。

躯干 躯体呈方形。颈部长，没有垂肉。胸部深，不太阔。肋骨平。

四肢 四肢细长，肌肉发达。脚瘦，细长，呈椭圆形。

尾巴 尾巴细，骨节多，在背线上方摆动。

被毛 被毛紧贴皮肤，毛浓密而细腻。

毛色 毛色为灰褐色；浅褐色有或没有黑色面斑；烟沙色；有斑纹。

大小 61～72 厘米。

体重 30～32 千克。

格力犬的标准主要强调赛道速度

从严格意义上讲，格力犬肯定不是一个独立的犬种，至少现在两大世界犬业组织美国养犬俱乐部（AKC）与世界畜犬联盟（FCI）还未承认有此犬种，也未就这一专门的赛道犬制定一个专门的犬种标准。格力犬没有专门的公认犬种标准，但这并不代表着其无章可循。其实中国的所谓格力犬绝大部分是从澳大利亚引进的澳大利亚灵猩(Australia Greyhound)，而澳大利亚灵猩也不是一个专门的品种，也是从英国引进的灵猩，只是澳大利亚人为了让这些灵猩更适应比赛，为了跑得更快，为了取得更好的成绩而加以改良罢了。因此格力犬的评价标准一切都是用比赛成绩来衡量，它仍是灵猩，是专用于赛道比赛的灵猩。在体形上十分接近，但为了在几百米的赛道上展现出更为快捷的速度，它的外形与展示用的灵猩相比就出现了一些差异。

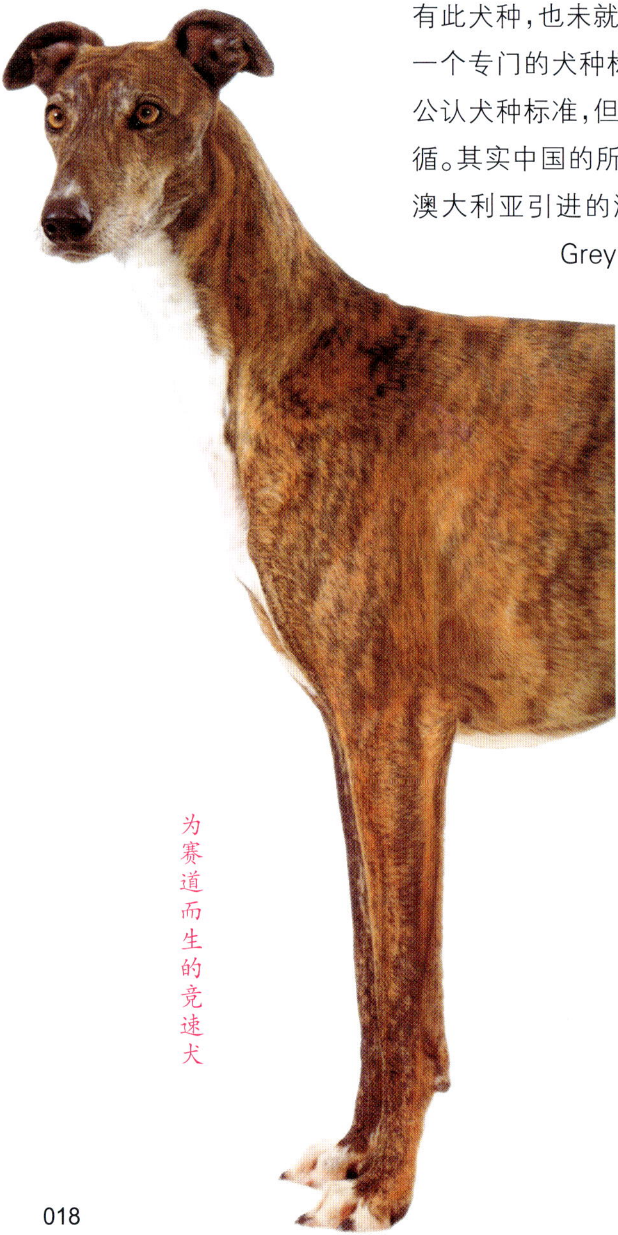

为赛道而生的竞速犬

第三章

犬展与赛道比赛

犬展是体型展示比赛，通过展示评出最符合犬种标准的犬只。赛道比赛是犬只速度竞技比赛，是一项新兴的体育竞技项目。

犬展的分类

犬展按级别可分为国际性犬展、全国犬展、区域性犬展及各俱乐部（协会）本部展。这些不同级别的犬展按规模还可分为全犬种展和单犬种展。全犬种展分为运动犬组、猎犬组、工作犬组、㹴犬组、玩赏犬组、牧畜犬组等。单犬种类如灵缇单独展等。

西敏寺犬展　西敏寺犬展起源于 1 个世纪以前，那时，纽约的一些养犬爱好者经常聚集在西大教堂(西敏寺)饭店举办各种交流活动，并一起组织策划了第一届纽约犬展。现代的西敏寺犬展几乎成为当今世界最高级别的犬种展示比赛，世界各地的名犬都以在西敏寺犬展中夺魁为最高荣誉。报名参赛的犬只无一不是身经百战的各地冠军名犬，也正是因此，每届西敏寺犬展的参赛犬只数目都不算太多，基本保持在 3000～5000 只左右。

AKC优卡杯犬赛　美国AKC优卡国家冠军杯(也称世界挑战冠军杯),是全球一年一度的犬界盛事,每年至少都会有来自40多个国家或地区的排行一的犬只参与此盛会,一比高低,以争夺冠军中的冠军。2008年第八届年度AKC优卡杯国家冠军赛在加利福尼亚长滩市举行,来自美国50个州和世界52个国家或地区的2300只优质犬只同场竞技,争夺高达225000美元的奖金和世界最高荣誉。

克鲁夫特犬展　克鲁夫特犬展是由狗饼干供应商查尔斯·克鲁夫特于1886年首创英国规模最大,规格最高的全犬种犬展,每届犬展都吸引了全球各养犬俱乐部或协会参与。

意大利米兰犬展　意大利米兰犬展也是世界上最具特色的几大犬展之一。和其他重要的犬展不同的是,米兰犬展的参赛者除了那些专业的养犬者以外,更多的是业余的养犬爱好者和名犬发烧友。他们之中有来自意大利本土的,也有来自欧洲邻近各国的。

国内犬展　随着养犬业的发展，各大中城市纷纷成立犬协或俱乐部，各协会、各俱乐部之间加强了沟通，与国外许多犬协或俱乐部的交流与合作也得到了加强。近两年，北京、上海、深圳、成都等国内直辖市、省级市及部分发达地区的地级市都是纷纷举办犬展，每年的春秋季节犬展异常活跃。

犬展的分组方法

不同的犬展，它的分组方法是不同的，犬主必须仔细的查看赛事指南。现在国内犬展一般是采用的美国养犬俱乐部（AKC）和世界畜犬联盟（FCI）的赛事分组，以及各个当地协会制定的赛事分组。

如果赛事是按美国养犬俱乐部（AKC）的标准的话，所有犬只分为猎犬组、工作犬组、非运动犬组、㹴犬组、玩赏犬组、伴侣犬组、牧羊犬组七大组群。如果是按世界畜犬联盟（FCI）的赛事分的话，所有犬只分为牧牛犬和牧羊犬（瑞士高山牧羊犬除外）、平犬和雪纳瑞—獒犬—瑞士山地犬和牧牛犬以及其他品种、㹴犬、腊肠犬、狐狸犬和原始犬类、嗅觉猎犬和相关品种、指示猎犬、寻回猎犬—激飞猎犬—水猎犬、伴侣犬和玩具犬、视觉猎犬十大组群。在此基础上，同犬种又分为公、母两组，然后依月龄的大小又分为幼犬组（3～6 月龄、6～9 月龄）、青年犬组（9～12 月龄）、成犬组（12～18 月龄、18 月龄以上）数组。国内大多数的犬展的赛制都是组织者根据 AKC 和 FCI 赛制结合实际情况设立的。

灵缇归在猎犬组参赛

单独展分组方式有许多种，但通常是分公、母两组，而后又根据月龄大小分为特幼组、幼小组、幼犬组、未小组、未大组、冠军组数组。

相关链接

裁判审查方法及要点

先依次进行个别审查，由评审员对参展犬只逐一检查其牙齿、咬合、骨骼、睾丸等是否健全，是否具备参赛资格后，再做比较审查。由指导手牵引参展犬只绕行审查场，进行步容、立姿、秉性及动态、静态等审查。除了根据各部分标准来评分外，尚要注重整体的均衡及动态的美感，来决定谁能从中胜出。

赛前的准备

决定参加犬展后，当然希望爱犬能以最佳状态参展而一举成名，那么赛前有充分准备可以使你信心十足。根据一些灵猩饲养专家的经验，应作好如下准备：

a.参展犬在赛前已预防接种，不然易感染某种传染疾病。

b.犬体的整毛应于赛前 1 星期完成，要自然而不留刀痕。

c.提前 1 天到达，缓和因长程旅途引起的疲劳。

d.犬展当天应提早到会场稍事休息，并避免日晒过度。

e.参展当日犬只给食量减半或空腹，以免参展中途呕吐。

f.准备犬只饮水及其训练用的精美食物。

g.不要殴打或恐吓，以免怯场。

h.保持轻松，保持个人风度。

赛场定姿审查

当审查开始时，就要做个别审查，在个别审查时，摆姿势是很重要的。指导手要以最完美的方式在最短时间帮助灵猩做好定姿动作。将一只手放在犬的胸下部以抬高前端，然后将手移至颈部以做出正确的头部姿势，同时另一只手尽可能地调整后腿和尾巴，要像是爱抚狗而不是摆布它。轻触狗的最后一根肋骨下方，能使它收紧腹部肌肉，以达到最佳效果。摆姿势的具体动作顺序如下：

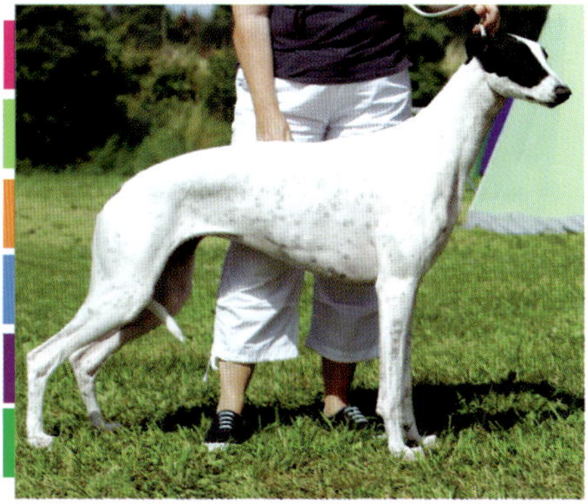

a.将牵绳的一端盘在指导手的手上。

b.用右手托住犬的下巴及前胸。

c.用左手托住犬的后躯，把两腿之间的臀部托住，让四肢平踩。

d.如前脚站得不好，要调整时，应用托住头部的右手，将两脚的距离排好后再看看位置是否理想，如仍不好则再重复一次。

e.如后脚站得不好时，则用托住后躯的左手，将犬由两腿之间的臀部轻托起后再放下，如仍一前一后或呈牛肢状或 O 型时，则再重复一次，并可用手把后肢关节拉成适当的角度。如你的爱犬背线不良或中间拱起，则可把后肢的立足点拉离前肢远些(拉得后面一点)，这样可以使背线较直，也可使前肩胛骨看起来较高。

f.待四肢的位置正确之后，用左手轻轻地扶着尾部，右手轻托下巴，就可以把姿势摆好了。

赛场步姿审查

灵缇的步态应轻快、和谐、自由且流畅。指导手要为狗狗留下足够的空间和自由，让狗以正确的姿势跑动，同时自己行动时也不能阻碍狗。最优秀的指导手和犬一起在场中表演时，会如隐形人般，让犬看起来似乎是完全自由地行动，实际上，这也是所有调教专家追求的目标。

虽然指导手与犬应以和谐方式跑动，但要当心跑动时不要模仿犬的步伐，因为犬可能会很自然地开始模仿你，并采取类似踩高跷的动作，也可能需要快步行走或疾走，疾走时需要足以胜任的指导手，才能让它们正确地跑动。在跑动时，要确定前面有足够的距离，以使你的参赛犬不会被迫缩短步幅。

除了观察狗的步伐之外，裁判还会评判狗进

场和离场时的动作，这时候常常需要以较为缓慢和更“泰然自若”的小跑步，并记住要让狗沿着直线跑动。

不同赛场牵犬技巧

在参赛之前，可根据灵猩的犬种标准及评审标准来评估你的爱犬，若越接近标准，则优点越多，获胜的可能性也越多。但没有一只犬是绝对完美的，因此指导手就要把犬的优点表现出来，而把缺点用技巧掩饰起来，让犬只在评审员面前呈现出最吸引人的秉性与气质，而获得好的成绩。不同的赛场有着不同的牵犬技巧。

I 字型的牵走 所谓 I 字型就是从原点出发走直线，至终点后做 180° 的旋转再回到原出发点，这也是做个别步容或姿态审查时用的方法，这种走法主要便于评审员观看犬的后肢，及前肢的步容和架构。如果你的爱犬后肢较弱，就要把牵绳放松一点，让犬的重心前移，就会改善许多。走直线时步姿要轻快，速度适中，配合指导手的步伐，犬不要离开人太远或靠得太近。到终点旋转时，指导手应以单脚固定，以另一只脚旋转，犬在人的外侧绕圈旋转。如犬走得慢时，指导手可以配合走小步一点。旋转后评审员开始注意犬的正前面走姿，要注意犬的头部，不要让它低着头像老牛拉车似的步容。另外出现牛步时，牵绳可以一松一紧地控制，来改善它的牛步。四肢均衡的犬，牵绳不要过紧，否则容易使前脚踏空，前肢踏空时容易有交叉步容出现，应尽量避免。旋转后，步行至评审员前 1 米处时应停止，并把姿势摆好。

展示中的步态不同于赛道比赛中的狂奔

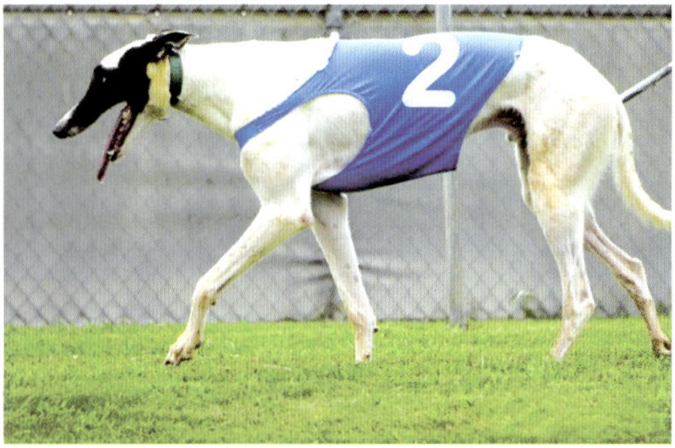

三角型的牵走 走三角型的赛场，主要是评审员要看犬的侧面步容。此时要昂头挺胸且精力充沛地快步前进，在转弯时指导手应大步急转，以跟上犬的步调。遇上精力充沛、动作灵活的犬时，可以用Ⅰ字型的转弯法，以免犬走得过快而扰乱步调的和谐。

圆型的走法 一般圆型的走法是以逆时针的方向做全场的牵走。一般此种走法大都是整组犬一起走，做比较审查时使用较多。此种走法大多在整组犬出场后，个别审查之前或之后绕行整个赛场，以做比较审查。由于是整组犬一起走，因此要注意保持彼此的距离，并依评审员的指示，慢慢地加快速度，以最美、最和谐的步伐前进。走得较慢的犬可以较靠内，速度较快的犬可以走外侧或者慢点出发，以保持适当的距离。

指导手的工作内容

◆对比赛犬的管理

这项工作是指导手的重要工作内容，它需要在日常完成。具体包括对参赛犬的训练、营养调配、运动方式、运动时间、毛发打理以及日常美容等。可以说只有良好的日常管理才能使一只参赛犬拥有良好的状态，因此管理对参赛犬来说是至关重要的。

◆带领犬只参加比赛

这个过程包括对于赛事、赛制的了解，比赛的报名、检录，参赛犬的运输以及与美容师的合作等等，当然这些过程通常不被观众注意。而我们看到的通常是在赛场上牵引比赛犬的表现过程。

◆指导手的赛场礼仪

接触评审时 在接受评审的个体审查时，不能对评审讲话，但是要行注目礼。除此之外，要始终保持用正面对评审。

调换位置时 当评审要调换位置时，要从其他人的后面向前走，并且要跟其他人的狗保持距离，以示尊重。

开始起步时 当评审要求全体人员共同跑环形路线时，处于第一位的人应该与最后一位做示意性的沟通，当确定最后一位已经准备好时，才开始起步。

等待审查时 等待审查时要跟前面的狗保持一定距离，这个距离根据场地和狗的大小而有所变化，但是原则上，无论体形大小的狗，至少要保持两倍于犬只身长的距离。

比赛结束时 比赛成绩得出时，应该主动向获胜者表示祝贺，向评审表示感谢。

展示比赛是一场犬的娱乐活动，重在参与，享受其中的乐趣。

无论任何时 无论任何时候，都要保证自己的狗不要接触到别人的狗，并且要尽量确保自己的狗不要影响到其他狗的状态，这是比赛中的原则。

指导手的着装

一个有经验的指导手不但可以从着装上体现美感，展现自我，更能够用服装去衬托参赛犬的魅力。

服装的颜色要衬托狗的线条 灵猩的被毛颜色丰富；指导手衣服颜色的搭配尽量不要与狗狗的毛色接近，否则，就会影响评审的视觉效果，让人感觉狗的线条和轮廓已经被同样的颜色所模糊了。

着装满足比赛需要 就是指你的服装要尽可能的为比赛服务，衣服不要太长，否则会因为飘动的下摆而影响狗的注意力；肥瘦合适的裤子可以让其行动自如，又不会显得臃肿懒散。最重要的一点是在服装的右侧一定要有一个较深的口袋，这个口袋可以放置一些必备的物品，例如吸引狗的诱物，但是要保证在跑动的过程中这些东西不会掉出来。

着装体现个性 这一点往往被很多人忽视，就是虽然是穿正装，但是也要包装自己，展现个性魅力。例如在样式、颜色、细节上可以融入时尚细节，让观众和评审对你过目不忘，这样就能让更多的人对你和你所带的犬只留下深刻印象。

全场总冠军之路

BEST IN SHOW 简称“BIS”，就是全场总冠军，是犬展中的最高荣誉。当一只参赛犬经过重重考验，最终获得 BIS 的时候，究竟是什么因素让这只狗狗获得了冠军呢？

接近标准 评审比较狗的优劣，最基本的方法就是给狗打分，而越接近犬种标准的狗得分就会越高。很多人会疑问，当几个不同的犬种在同场竞技的时候，评审又是怎样做出判断的呢？其实答案依然是打分。越是接近自己标准的犬得分就会越高，最后获胜的机会也会越大。所以，最基本的要素就是参展犬本身是一只血统优良的纯种犬，而且要尽量避免出现大的缺陷。

培养管理 其实有很多具备参展素质的幼犬，没有拿到好成绩的原因并不在于它们本身的素质，而是缺乏良好的培养和科学的管理。这就是所谓的“良驹易得，伯乐难寻”的道理。管理包含很多非常专业的内容，例如：营养、美容、运动以及日常生活中很多习惯的培养，样样细节都不能疏忽。如果长期得不到充分的运动，会影响其体型的美观，且会有心理疾病。

科学训练 即使是一只外形条件非常优秀的狗，如果缺乏训练，也难以在赛场上展现出自己的气质和精神状态，最终也很可能会被淘汰出局。有人认为，参展犬的训练科目只包括牵引随行和摆姿势。从小就进行系统训练，这对狗的亲和力、信心的培养非常有利。而亲和力和自信心对参展狗来说同样是至关重要的。

参赛美容 灵缇的美容护理也很简单，但也不能忽视。当一只皮行闪闪发亮的狗狗与一只皮毛脏乱的狗狗同场竞技时，会给裁判留下怎样的印象呢?

比赛环境 同样级别的赛事由来自不同地区的评审来评判，很可能出现不同的结果，这是很正常的。另外一方面，因为评审毕竟也是人，也总是有偏好的。在不失公正的情况下，评审根据个人的偏爱来决定比赛的成绩，是无可厚非的。既然报名参加犬展，就意味着要接受比赛的结果，并且尊重评审的决定。

临场发挥 在犬展中，经常会出现两只狗在外观、美容上水平都比较接近的局面。这个时候，指导手就成为了决定胜负的重要人物。一名优秀的指导手，会对参展犬的管理、训练、美容技术样样精通，他可以利用丰富的经验、敏锐的思维、细致的观察来调整狗的状态，调动狗的情绪，掩盖狗的缺陷；以优美的姿态，轻盈的步伐，高超的技巧去展现一只狗最完美的一面!

犬只赛道比赛与赛马一样，已成为一项体育博彩项目

视觉猎犬的赛道比赛

◆赛道犬的起源与发展

如今赛犬比赛集中在澳大利亚、爱尔兰、英国和美国南部举行。

视觉猎犬比赛可能是最古老的犬类运动之一。古印第安人经常利用狗的速度和嗅觉来追逐猎物，后来逐渐演变成一种娱乐活动，但视觉猎犬赛道比赛正式成为一种体育博彩项目，则是始于 19 世纪。

视觉猎犬的最早描述可以追溯到公元前 6000 年。在公元前 1 世纪的狩猎文献中，描述了用活的猎物作诱饵的犬只追逐竞赛活动。

有组织的在人造跑道上举行赛犬运动开始于 19 世纪晚期。1876 年第一场犬只赛道比赛（360 米）在英国享登的赛马跑道上举行。1909 年美国建造了第一个赛犬跑道，这时这项运动就逐步发展起来。视觉猎犬赛道比赛规则十分简单，6 只犬从起跑位置出发，进入椭圆形沙地或草地跑道，追逐由电缆或马达驱动环绕跑道内轨道运动的假野兔，依跑至终点的先后确定名次。

20 世纪 30 年代赛犬比赛十分流行，吸引了大量的观众，因为赛程

最先到达终点的犬只会赢数额不菲的奖金

短(350 米,480 米或 760 米),比赛场面火暴,极具刺激性和娱乐性,这为观赛者提供下大赌注的机会,通常前三名赢家分享全部赌金。一些犬因战绩显赫而成为了家喻户晓的名犬,有一只叫“米勒”的犬,在 1920 年和 1930 年的比赛中就创下了连续 19 次获胜的记录。

赛犬运动的兴起也吸引了一大批专业的人士的参与, 育种专家、训练专家、犬医疗专家分别提供理更为专业的技术支持一些国家开始成立灵猩比赛俱乐部专业协会。英国的赛犬俱乐部从 1972 年起就组织并管理比赛,仅仅在伦敦城内就有 10 多个赛犬跑道。

赛犬运动渐渐在爱尔兰、英国、美国、澳大利亚和摩洛哥等许多国流行开来。这些比赛项目主要由优秀运动犬参加,这些犬都会在培训中心和专业诊所得到特殊照料。英国每年有 20000 只灵猩出生,每场比赛都

会吸引到6000名左右观众观看。在美国的赛道比场，获得冠军的犬只能赢取很多钱，一场比赛就可以高达125000美元。在有些国家，其他犬种也可以参加比赛，特别是惠比特犬和阿富汗猎犬。

◆赛前要做好充分的热身运动

所有参赛者在比赛前都要进行热身运动，这样可以活跃酶和氧化系统（提供所需的能量），减少肌肉收缩的时间。对于犬来说，热身运动包括一系列的肌肉拉伸和收缩运动，为比赛做好肌肉和促动的热身准备，如果热身运动做得好，那么会促进神经肌肉的调和，避免撕裂和收缩，保证在比赛前保持生理和心理上的理想状态。

◆赛后要逐渐停止运动

绝对不应该在比赛一结束就突然并且彻底停止对犬的训练，动物会很快丧失从训练中所得到的一切好处，还会造成心理不稳定。最好是逐渐减少工作量，并且更多的把体育运动转向游戏运动。

相关链接

佛罗里达的赛犬研究中心

赛犬比赛是美国佛罗里达地区的一项重要的文化娱乐活动。在这些赛道中，犬类运动员们能够在25秒内跑完480米路程，其速度超过每小时70公里。培养这种赛道犬需要有进行专业的训练、营养和医疗保健，需要专业的人员及专业的机构从事这一系列的培养管护工作，一些科研机构也投身于其中。本着发展赛犬运动的精神，位于盖恩斯维尔的佛罗里达大学最近成立了犬科运动医药中心，专门研究赛犬。该中心设置了一套自身的实用课程，研究该类犬种所特有的问题。

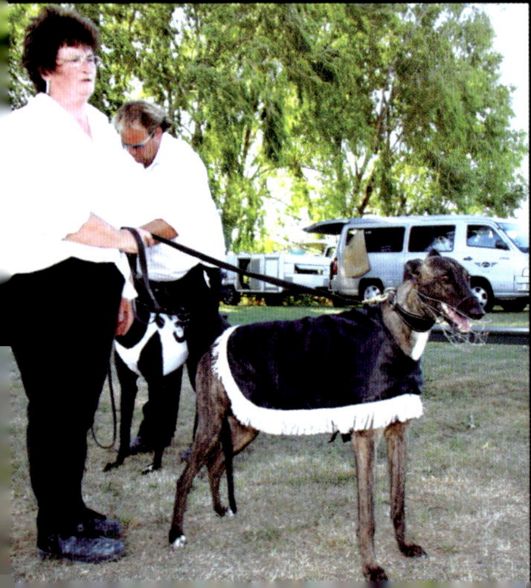

第四章

灵提·格力犬的饲养管理

灵提·格力犬是一种运动型猎犬，饲养管理与其他犬只并无多大区别，但作为比赛犬，在营养搭配上则需进行特殊管理。

日常的常规管理

不同的季节犬的生理有不同的变化，因此在不同的季节其饲养管理也有区别。饲养管理者要根据季节的变化进行针对性的管理。

春季管理常规管理 春天是母狗发情的季节，要看管好母犬，防止偷配发生。春天也是换毛期，要用刷子仔细刷，去除死毛。这也是容易受到寄生虫感染的时期，如果感觉有点异样时，可以接受粪便检查。春季也是犬新陈代谢较旺盛的季节，要让爱犬在户外好好运动一下，有助于消除冬天因为天气不佳而积累的压力；冬天多为阴天，极易导致日照不足，在春季尽可能选择阳光灿烂的时候作为运动时间。春天要特别注意传染病的预防，外出时尽量不要与其他狗只接触；要做好狗场（舍）及其周围的消毒工作，不要让陌生人进入犬场（舍），若要进入，也应采取清毒隔离措施。

根据季节变化进行管理

夏季管理常规管理 梅雨季节易患皮肤病，因此，要特别注意皮肤问题，可以适当增加洗澡的次数，或常用干净的湿毛巾擦净皮毛。夏季气温高，食物易发霉变质，食具中的食物不要有遗留，要避免食物中毒。要避免在中午时间运动，因为阳光太强烈，容易中暑，最好选在清晨或黄昏，运动时间可以比其他季节短。

秋季管理常规管理 秋季是运动的最佳季节，在户外要好好运动来弥补夏天运动量的不足；可多让灵缇进行追逐运动，但一定要视狗狗当天的身体状况而定，不能勉强。秋天是为冬季贮备抵抗力的时期，一定要加强营养。为了防寒，会换上冬天的毛，要经常梳刷。

冬季管理常规管理 饮食要比平时摄取更多高蛋白、高热量的食物。为了犬的身体健康，冬天也不能停止运动，可以趁有太阳的时候带狗外出运动。这种运动犬被毛较短，较怕冷，易感冒；在寒冷的季节，要注意腹部的保暖；可以将狗屋放在温暖的地方，并在地上铺垫子，达到保温效果；带狗狗外出时应给它穿上外套以保护胸腹部不受寒。

常规营养饲喂管理

维持动物身体发育和健康的必要食物成分称为必需营养。狗的必需营养大致可以分为蛋白质、脂肪、碳水化合物、维他命、矿物质及水。在此之前，必须了解各种必需营养的功能和摄取方法。

蛋白质 蛋白质是构成有机体的主要成分，是饲料中不可缺少的营养物质。在犬的生命活动中，蛋白质是起决定作用的营养物质。在饲料中，动物性饲料比植物性饲料蛋白质高，营养价值也高。动物性蛋白质含氨基酸广，营养比例适当。植物性饲料中的蛋白质营养价值低，长期用植物性饲料喂犬易引起有机体功能严重失调，如贫血、生长缓慢、体重下降等。狗需要摄取蛋白质，而且是动物性蛋白质，需求量是人类的四倍。因此，日粮中动物性蛋白质含量应占饲料蛋白质含量的 1/3。动物性蛋白质是狗的能量来源，是肌肉、内脏、血液等的基础，它可以促进体毛的发育和换毛，增加对病毒和细菌的抵抗力。

脂肪 脂肪作为营养物质在机体内有很多功能。脂肪在动物体内，是重要的贮存能量的形式，而且还可以贮存大量的水和矿物质。犬对脂肪有很大的忍受能力，脂肪可口而且能量高，可减少食物的总摄入量，但这也会使营养平衡失调和造成营养缺乏症。因此，幼犬或青年犬在喂给高脂肪食物时应调节蛋白质、矿物质和维生素的含量，以保持适当的营养平衡，确保基础营养的合理摄入。脂肪在营养中热量最高，过量摄取会导致肥胖和皮肤病，不足时，会影响毛皮的光泽，皮肤干燥，出现皮屑。

碳水化合物 碳水化合物在犬的日粮中占比例最大，主要包括糖、淀粉、纤维素，是机体内重要的热能来源。犬对碳水化合物的需要量受其运动量的影响。若脂肪少，碳水化合物应多，在夏天，碳水化合物在某种程度上可替代脂肪。如果摄取了充足的蛋白质和脂肪，就不需要补充太多碳水化合物。

维生素 维生素一般在犬体内不能合成或很少合成，必须由饲料供给，维生素对犬的生长发育及新陈代谢是很需要的。维生素按其溶解性质分为脂溶性和水溶性两大类，维生素本身不产生能量，维生素不足或过剩都可发生营养代谢疾病。维生素 A、D、E 缺乏，会出现皮肤干燥、表皮角化、被毛生长不良等症状。

矿物质 犬若缺乏某种矿物质，会引起相应的某些功能性障碍疾病。矿物质分常量和微量元素两大类。常量元素包括钠、氯、钙、磷、镁、钾、硫等，在体内的含量超过 0.01%；微量元素包括铁、铜、钴、碘、锰、锌、硒、钼、氟等，在体内的含量不足 0.01%。钙质、磷等矿物质是发育旺盛的小狗制造骨骼和成长不可或缺的。优质的狗食中含有均衡的营养，但在亲手制作时，就要特别注意均衡性。

水 动物的身体中，有 60% 是水分。水分可以促进身体机能和代谢顺利进行，因此，必须随时补充新鲜的水。

常规喂食与技巧

喂食必须在固定的时间、固定的地点进行，喂以固定的食量，避免吃不完或吃得过饱。

每天必须准备一些干净的水，让狗随时可以饮到。喂食的时候，应该培养狗狗应有的规矩，吃得欢是胃口好的表现，但不能允许它吃食时狼吞虎咽，把食物弄得到处都是，要训练它慢慢进食，一旦吃完必须把食盆端走，别让它有空又过来吃。

不管主人多忙，喂食的时间绝不能随意改变，而且喂食量也不要时多时少。不严格管理对狗的健康很不利，还可能因此出现精神上的负面影响。吃完后的食盆或吃剩的食物如不及时处理也不卫生，对此也不能大意。

犬会随着年龄的变化，改变对食物的需求。在它迅速发育的幼犬期、成熟的成犬期和运动量减少的老年犬期所消耗的热量有很大差别。

为了让犬健康成长，我们应根据它各个阶段的身体状况适当改变喂食的种类和数量，为它制定科学的食谱。狗的食物供应有三种方式：喂自己家做的、喂专用狗粮以及两者结合。喂自己做的要达到营养平衡比较困难，但通过亲手配餐可以得到许多乐趣；喂专用狗粮的

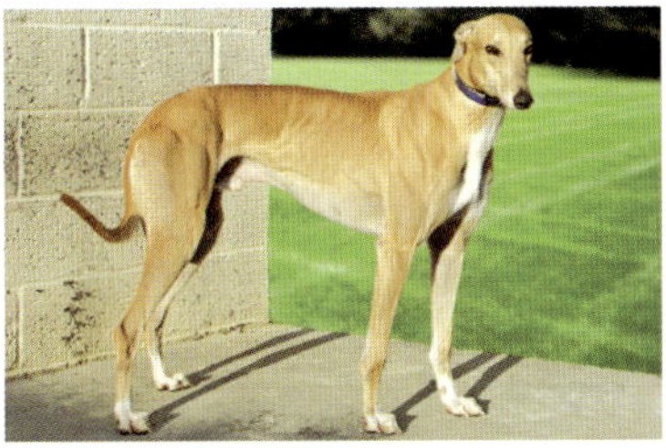

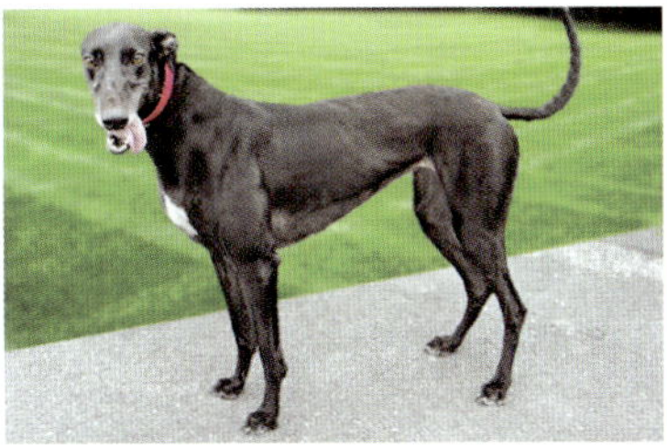

好处是方便、省时且能保证狗的营养，可以根据每个家庭的具体状况和经济能力选取喂食方式。

新生仔犬的常规管理

◆新生仔犬成长过程

从出生的第 1 天到 20 天左右，仔犬几乎每天都是吃母狗的奶，吃饱奶后就入睡，醒来后又继续吃。在 7 ~ 10 天左右，体重为出生时的 2 倍左右。在 10 ~ 14 天左右，才会张开眼睛，但这个时候，它还无法看清外界。同时，开始慢慢学会爬行，耳朵也开始有听力。在 17 天左右时，小狗的眼睛可以清楚地看到外面的世界。从这个时候开始，会摇动尾巴。在 21 天左右，开始长乳牙，也开始和同胎狗狗玩耍。28 天后，就是断奶时期，逐渐可以离开母狗学会独立。当狗狗 1 个月大时，它就相当于人类 1.5 岁的机能。

从出生到 1 个月这个时期，几乎都是母狗在照顾小狗。在泌乳期，母

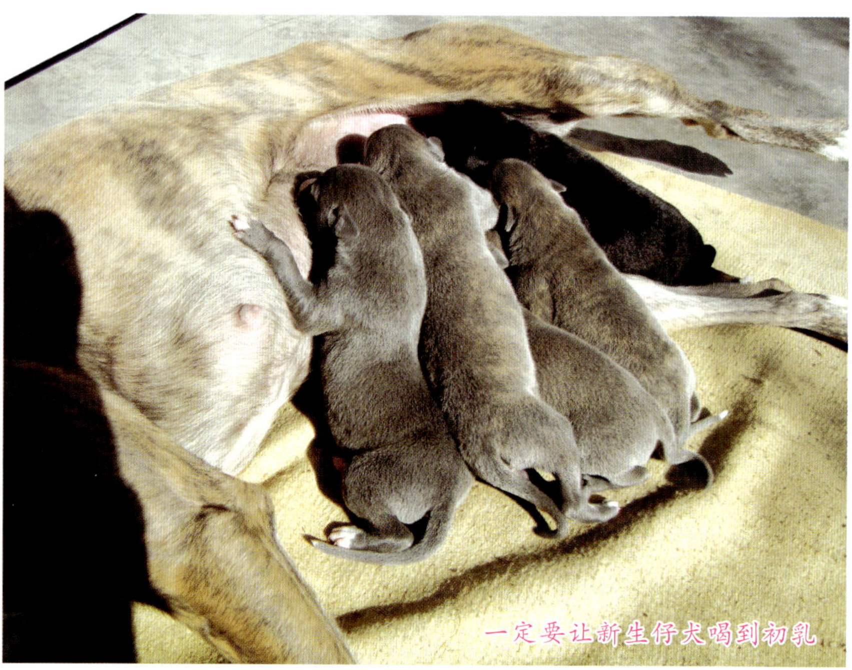
一定要让新生仔犬喝到初乳

狗和小狗都特别敏感，饲主只需在一旁守护，只在必要的时候向母狗伸出援手。要为刚出生的小狗提供一个舒适的环境，让它不受干扰，安静的休息。

在小狗出生后，要确认性别和体重，了解小狗是否有太小、太弱或是异常现象。体重可以成为日后了解发育情况的参考。因此，应该持续为小狗测量体重。出生后 1～2 天，要请兽医为母狗和小狗检查一下健康状况。在出生后一个星期内，脐带会逐渐干燥，然后自然脱落。

特别提示：分娩完后，母狗会第一次喂小狗奶。虽然小狗的眼睛还无法睁开，却会本能的去吸母狗的乳头。在出生后 3 天内所喝的母奶称为初乳。初乳中含有母狗的免疫抗体，可以有效预防小狗罹患传染病，因此，一定要让所有的小狗吸到初乳。

◆新生仔犬卫生及健康管理

保持小狗睡床清洁　小狗的睡床要随时保持清洁。哺乳期幼犬的抵抗力很弱，如果睡床脏污时，细菌和病毒入侵感染容易引起腹泻。对小狗来说，腹泻是大敌，有时甚至可能危及生命，因此，要特别警惕。

协助幼犬排便排尿　母狗舔新生仔犬的肛门，造成刺激后，仔犬立即会排出深褐色的便。如果不进行刺激，小狗就不会排便和排尿。而且，母狗也会处理小狗的排泄物。初次分娩的母狗，有些会完全不照顾小狗

的排便和排尿，必须随时检查母狗是否确实照顾小狗的排泄问题。如果需要人协助时，可以在小狗吸完奶后，用沾温水的脱脂棉花或布，轻轻摩擦小狗的肛门，促进排泄；并将粪便和尿擦干净。人工喂乳时，可以在喂完水解蛋白奶粉后，以同样的方式进行。3 周后，小狗就会独自排便和排尿。断奶后，就需要饲主照顾小狗的如厕问题。

保持恒定的温度 出生 2 周以内的小狗无法自行进行体温的调节，很怕冷，它体温大致在 34～36℃，体温偏低。在小狗出生后，应该立刻放入纸箱中，用保温加热器等保温。即使在夏天，也要使用相同的方法保温。在不同的时期，小狗睡床内的适当温度有些许差异。在出生 1 周之内为 32～33℃，在第 2 周，要保持 30℃左右，在第 3 周要维持 25～26℃。3 周以后，小狗就可以自行调节体温，因此，在 4～5 周，要保持 20℃左右，5 周以后，可以维持 15～20℃左右。在冬季照顾小狗时，可以用保温加热器和保温垫加热睡床的周围，也可以使用饲育用的红外线灯为刚出生的小狗保温，要注意温度不要太高。如果母狗感到太热，可以让它在产箱外休养。即使在炎热的夏天，也不要开冷气。

注意观察健康状态 要随时注意观察初生仔犬的健康状态，早发现早治疗。当初生仔犬没有精神或缺乏食欲时，要先量体温。健康狗的尿透明无色，如果颜色特别深或混浊，或是混有血丝，或是呈乳白色时，要特别注意。狗吃太多导致消化不良时，也会引起腹泻，但如果呈水泻或像番茄汁般的黏液血便、黑色的便时，都是疾病的症状。狗如果呕吐十分激烈，或是混有血液，或是同时有腹泻、发烧现象时，就可能生病了；连续咳嗽也要特别注意。狗如果经常将臀部在地面摩擦，可能是肛门周围搔痒，或许是皮肤炎或是分泌物大量积在位于肛门下左右侧的肛门囊中，引起肛门腺炎所致。有时候，也可能是肠内的寄生虫爬到肛门附近所致。

◆哺乳方法

要仔细观察哺乳状态 哺乳期幼犬从出生到3周左右，需要喝母奶长大。在此期间，如果母奶没有问题，在营养方面不需要人工喂养。在第1周时，必须仔细观察母狗母乳的分泌情况及所有的小狗是否都喝到奶。

帮助每只仔犬吸到母乳 较小的仔犬和虚弱的小狗吸奶力很弱，常常会被身体强壮的小狗挤出去，最后才喝到母奶。不妨让不太会喝奶的小狗先喝，使每只小狗都能喝到相同量的母奶。如果母狗不想喂奶时，不妨轻轻地将母狗乳房中的母奶挤出，并使小狗含着母狗的乳头，按住小狗片刻。

采用正确的人工哺乳方式 当母犬的母乳量不够时，可以借由人工喂乳。人工喂奶时，要使用市售的小狗专用奶粉。小狗专用奶粉含有成长发育必需的均衡营养成分。牛奶的营养比狗奶差，而且，小狗也无法消化牛奶中的乳糖，导致腹泻，因此，不能给小狗喝牛奶。喂奶时，要使用犬用奶瓶，喂以与小狗体重相当的适量狗奶。在出生5天以内，每天喂8次；6～10天时，每天喝6次；11天以后，每天喝4次。

> **特别提示**
>
> 如果母乳是酸性乳或碱性乳时，喂给小狗吃会造成生命危险，因此，必须一开始就使用人工喂奶的方式。

◆断奶的方法

断奶注意事项 开始长乳牙后，除了喝奶，还能吃其他东西，所以，可以准备断奶。犬的断奶期很短（2～3周），如果搞错时间，会造成犬肠胃脆弱，必须特别注意。可以慢慢增加断奶食品的量，再用小狗专用奶粉或母奶补足。最重要的是，在观察小狗食欲和排便情况的基础上，逐渐为小狗断奶。不要一下子喂太多断奶食或每餐的间隔太短，也不能在早晨制好一天的食物，到了晚上，也吃相同的狗食。

第 15 天时 喝母奶的小狗可以在第 15 天时，用小汤匙装一匙奶粉，放入小盘子，使小狗练习舔盘子里的奶粉。

第 20 天时 在第 20 天开始真正断奶。在冲泡的奶粉中加入少量薄片状的小狗专用食品，每次喂以少量，每天喂 2～3 次，在观察排便的基础上，逐渐增加薄片状狗食的量，使狗食逐渐从液体至粥状，再到软食。

在狗狗 2 周龄后可开始添加辅食

第 28 天时 在第 28 天左右，小狗已经可以吃加有开水或冲泡奶粉的狗食，有时候，可以给它一粒固体狗食，让它熟悉咬的感觉，在吃点心时，也要喂颗粒状的固体狗食。第 35 天时，就可以直接吃固体狗食，但不要一直给小狗吃这么硬的食物，有时候需要弄软后再喂，或是喂以冲泡的奶粉。

第 42 天时 第 42 天时，就完成了断奶，但仍然不能光吃干燥的狗食。早餐后或睡前，一定要喂狗奶，使小狗产生满足感。

亲手制作断奶食 制作断奶食，可以使用脂肪量较少的瘦牛肉和鸡胸肉。一开始，用指尖蘸取少量，放在小狗的舌头上，让小狗尝味道后，再慢慢让它学习在餐具中自己吃。但使用生肉类制作断奶食，如果稍不注意，可能会引起腹泻，因此，利用薄片状的小狗专用食品为小狗断奶，既安全，又方便。

断奶时注意安抚小狗情绪 在精神方面，要特别注意的是，这个时期不要强迫小狗离开母狗。如果太勉强，反而会使小狗的性格变得很惊慌。可以在白天减少和母狗相处的时间，使小狗自然离开母狗独立。

幼年犬的常规管理

◆幼年期成长过程

在 1 个月时，体重达到出生时的大约 4 倍，这代表小狗十分健康的成长。1～3 个月为狗狗的幼年期。这期间小狗会玩各种游戏，开始咬啃、追逐周围的东西了。28 颗乳牙全部长齐。在出生后 7 周左右，结束断奶期。断奶期结束后，在出生后 50 天，动作变得十分轻巧，能跑善跳，异常活泼。开始对许多事产生兴趣，感情表达也很丰富。

小狗这个时期很容易适应新的环境，可以和母狗分离，加入新的家庭。虽然会暂时有食欲消退或是运动量减少的现象，但在新主人的精心照顾下，它会迅速的融入新的生活环境。3 个月后，骨骼逐渐强壮。

◆进行预防注射

出生不满 2 个月的小狗，可以由初乳从母狗身上获得免疫，但 2 个月后，免疫已经失效，小狗对疾病丧失了抵抗力。为了预防犬瘟热等可怕的传染病，可以在和兽医商量后，接受 2～8 种混合疫苗的注射。疫苗注射通常在隔一段时间后再次注射。

当小狗到新家了，在 3 天的适应期后，必须前往兽医处接受健康检查。如果以前曾接受预防注射，可以将记录带去。同时，也要接受粪便检查，必要时，需要去除肠内的寄生虫。

在成长期中，每个月都要进行一次粪便检查。

法律规定一定要接受狂犬病的预防注射，虽然没有义务接受混合疫苗的注射，但为狗狗健康着想，也应及时进行预防结种。

◆让狗狗充分活动

作为视猎犬，喜欢追逐是它的天性，随着活动能力不断增强。满 50 天后，可以和它一起外出，找一块平坦的草地自由的奔跑玩耍。需要注意的是：在这个时期，因为正处于生长发育期，其骨骼未发育成熟，过于剧烈的运动或是用皮带牵绳，可能会对骨骼和关节造成不良影响，必须避免。同时在户外玩耍时，要尽量找清静的地方，以避开其他狗狗，以免碰到含有寄生虫的狗的排泄物，否则你应让狗狗在接受疫苗注射的两周后，待效果出现时，再选择外出活动。

外出时，可以让小狗自由运动，再结合玩球游戏，刚开始，先玩滚球的游戏，随着小狗逐渐长大，可以将球丢得较远，让小狗追着跑。每天可运动 1～2 次，每次 15～30 分钟左右。

◆幼年期饲喂方法

狗的饲喂次数随着长大而减少

有规律的喂食，是使小狗顺利断奶的关键。断奶后，开始喂以幼犬专用食品。但为了避免消化不良，每天要分 4 次喂食。在喂食后，要让小狗随时可以喝到新鲜的水。

断奶期结束后，小狗的饮食生活逐渐接近成犬。然后，就进入身体不断长大的时期。所需要的蛋白质、钙质等各种营养比成犬更多。因此，必须喂以营养均衡，容易消化吸收的饮食。

一般情况下，40～90 天大的小狗每天需要摄取 900～1500 卡路里的热量。需求量之所以有相当大的差异，是因为活动量、生活环境不同所致。过多或过少的食量都会影响成长。当看到狗食剩下时，就要适当的加以调节。

当小狗满 4 个月大时，胃会逐渐增大，一次的食量也会增加，可以一天吃 3 次。

◆保持营养均衡的饮食

亲手制作的饮食难以做到营养均衡，也很费时间。成长期专用的高品质狗食含有均衡的营养，是狗的最佳选择。选用专用犬粮喂养并不再需要在犬食中加入补充食物，否则反而会破坏营养的均衡。喂以自家制的饮食时，必须充分喂以牛肉、鸡肉、白肉鱼、乳酪、鸡蛋、牛奶等蛋白质和脂肪。

为了使狗狗的牙齿和下巴坚固，偶尔要让它咬牛骨和或狗专用的硬质橡皮骨。但如果狗会吃下去，就不能再给它咬，否则，会导致消化不良、腹泻、血便等。

少年期的常规管理

◆少年期成长过程

3～6个月大的小狗相当于人类食欲最旺盛、成长最迅速的少年少女时期。在这个时期，小狗会迅速长大。这是狗一生中最重要的时期。

在3个月左右，乳牙掉落，开始长恒牙。4～6个月左右，42颗恒牙都长齐。在开始换牙的这个时期，小狗会觉得痒，所以会乱咬东西。

4～5个月是制造骨骼的重要时期，身体不断长大，体重也会增加。在6个月左右，逐渐成长为接近成犬的状态。此时，狗会变得十分活泼，5个月大后，可以开始真正的运动。

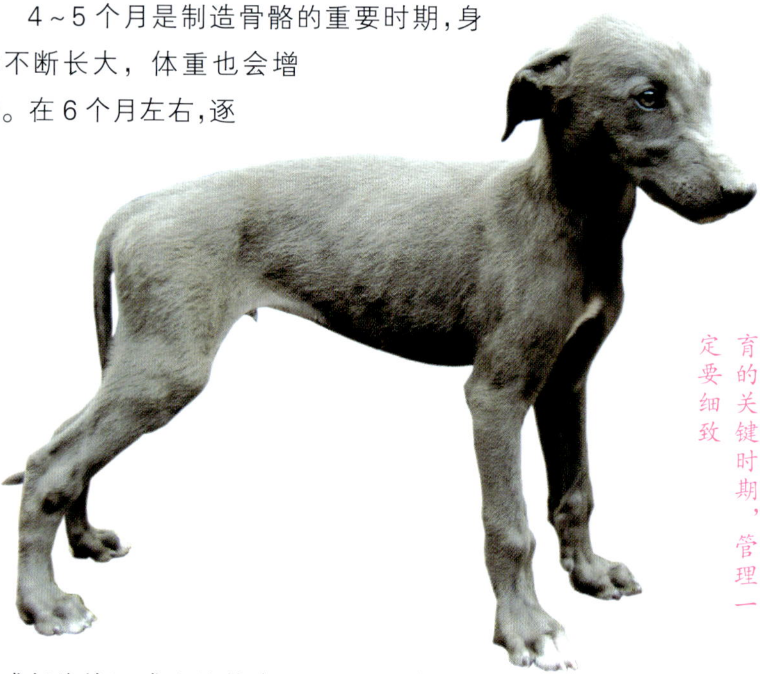

3～6个月是狗狗身心发育的关键时期，管理一定要细致

在精神方面，3个月大左右，开始产生意识，对陌生人和陌生的动物充满好奇心。从3～5个月大左右，可以建立与饲主家人的关系。

◆运动管理

在4个月左右，可以开始散步和自由运动，5个月后，就能开始真正的牵绳运动。每天 1 次，每次 20～40 分钟左右。

首先，要让狗熟悉项圈和狗链，在给犬戴上项圈时，很会导致周围的皮肤受伤，所以，要选择松软的款式。在戴上狗链后，可以让它自由活动片刻。当它熟悉，不再介意狗链时，就可以带它外出。

让小狗位于人的左侧，和人并排走路。不能用力拉扯狗链。在开始牵扯绳训练时，不要拼命拉小狗前进，需在调教后，才能使它跟上人的脚步。随着小狗的成长，逐渐增加运动时间，运动量要控制在狗得到满足，但不会疲劳的程度。

运动不仅可以促进饲主和狗之间的沟通，还可以在户外让狗体验汽车经过等各种经验，同时，在被别人抚摸和打招呼时，也可以培养狗的社会性。玩丢球游戏时，可以增加狗的集中力。

◆开始真正的训练

从小狗时代就进行调教，可以让它成为容易饲养的狗。犬在 3 个月大时，最适合调教，除了上厕和吃饭的规矩以外，还可以进行“停”、“不行”、“坐下”、“来”的基本训练。

作为赛犬应该进行一些踌越障碍物的训练，以训练犬只动作的协调，反应的敏捷性。同时可用扔球或其他诱物的方式，让犬只在野外进行短距离的往返快速奔跑。

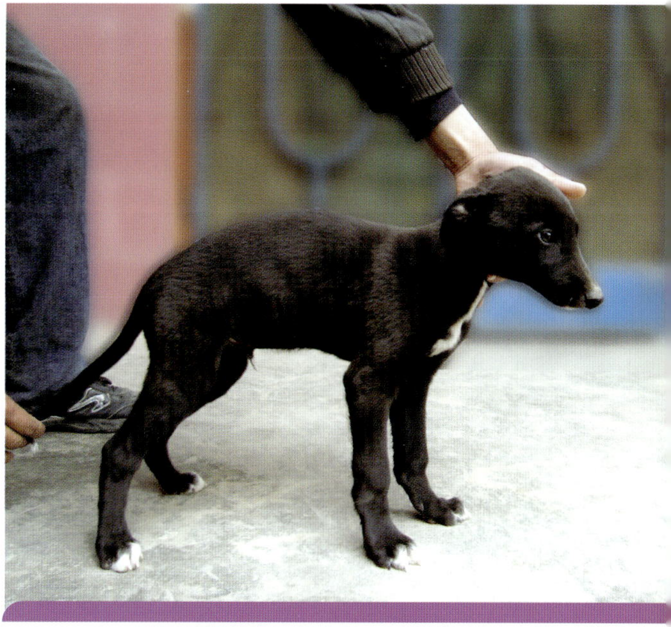

3个月大时，可开始基本的习惯培养

青年期及成犬的常规管理

◆成长过程

在 6 个月至 1.5 岁左右，狗狗进入青春期。这个时期会决定饮食和其他的习惯，也可以开始进行高难度的训练。此时，狗的身心都会迅速成长，是十分重要的时期。

10 个月左右，肌肉逐渐增加，形成狗特有的体格。在 1 岁左右，母狗会有第一次发情期。公狗的成熟期比母狗稍晚，但从它的行动和态度上，已经可以发现明显的变化。

在这个时期，身体已经长大，但还没有完全成为成犬。在 1.5 岁左右，才开始加入成犬的行列。这也是母狗初产的最佳时期。

3～4 岁时，精神十分平静，是能力发挥的最佳时期。

◆母狗会出现首次发情

母狗在 8～10 个月时，就可能出现第一次的发情（发情期），之后，约以 6 个月为周期发情。母狗发情约持续 3 周左右。毛色的光泽变佳，食欲稍差，排尿次数增加等都是发情的象征。在准备怀孕时，会有出血现象，持续 10 天左右。10 天以上，阴部肿胀至平时的 1 倍以上，出血的颜色也逐渐变淡。一般认为，11～13 天是交配的最佳时期。在出血结束后，仍然会持续发情，随着发情期逐渐结束，身体也恢复原状。通常，狗会自己将出血舔干净，加以处理。

◆公狗渐渐成熟

当公狗的生殖能力成熟时，就会在态度和行为上出现明显的变化。在小狗时，公狗也像母狗一样排尿，但在和母狗第一次发情期大约相同的时期，公狗排尿时，会开始翘起某一侧的后腿，这就是它成长的象征。

从这个时期开始，公狗会有强烈的地盘意识，经常用尿到处留下自己的“足迹”。在路上遇到其他公狗时，也会吵架。另外，还会爬到人或周围的东西上。母狗只有在发情期会接受公狗，但公狗却没有像母狗那样明确的发情期。

在性方面成熟后，公狗在受到发情母狗的味道刺激时，就会发情。也就是说，公狗随时都可以交配。

◆健康管理

在室内饲养时，可以使用移动式狗屋或狗笼，也可以用铁网围起。除了晚上，都可以和家人一起自由渡过。户外的狗屋必须安置在光线好、通风、安静的地方。狗屋的窗户要够大，并装上纱窗和雨窗。地板要采取高床式，并装上排水口，以便清洁。每个月要消毒一次。

◆运动管理

每天一定要让它好好运动一次。对这个时期的狗来说，运动十分重要。在不断运动的过程中，可以锻炼腰、腿，成为一只健康的狗。而且，也有助于建立狗和饲主之间的亲密关系。

为了培养狗的社会性，使它熟悉人群和噪音，每天可以在清晨或傍晚，带它外出。如果是在室内饲养，即使下雨天，也要带它外出。在运动时，要同时进行自由运动和牵绳。

特别提示

不能喂狗吃的食品

巧克力中的可可碱会造成犬中毒。洋葱会引起犬中毒,导致血尿和黄疸症。生笋也会引起中毒。鱿鱼、章鱼、虾、螃蟹等会造成消化不良和呕吐。鸡和鱼的骨头很细,咬碎断裂处很尖锐,会伤害消化器官。辣椒、姜、胡椒等香辛料也要特别注意,会刺激肠胃,对肝脏和肾脏造成负担。盐分也是不良食品,吃甜食会造成肥胖,使皮肤病不易痊愈。

自由运动就是在庭院、公园或河边等户外,宽敞的地方,丢球让狗去捡,利用它的运动能力,使它全速奔跑。

牵绳的运动量要控制在狗感到满足,却又不会疲劳的程度。中途,尽可能让它接触泥土和沙子。可以利用较长的狗绳,使它绕着人身边跑,观察它的跑步方式和身体肌肉的情况。

◆青年期及成犬的饲喂方法

饮食必须以高品质的成犬狗食为主。满了 6 个月的犬,每天吃 2~3 次;满了 8 个月后,就可以每天早晚各吃 1 次;满了 10 个月后,体格形成时期大致结束,逐渐进入充实身体各部分的时期,直到 3 岁为止。可以在注意身体状况和运动量的情况下,调节饮食,使体重维持标准,避免过量摄取。

◆妥善运用狗食

狗食大致可以分为综合营养型和美食型 2 种。综合营养型是主食用,结合各种材料,调整成分,含有所有的必需营养。美食型是充分运用材料制成,可以用于副食。以水的含有量进行分类,可以将狗食分为三大类。含有 10%左右水分的干燥狗食其营养分配十分理想,方便保存,价格也很便宜。虽然在美味方面稍微有所不足,但对牙齿有帮助。

含有 20%~30%水分的半湿狗食是以肉为中心的半生半熟型狗食。容易入口,营养也不输给干燥型狗食,但保存性较差。罐装狗食含有 60%~78%的水分。狗很喜欢这种生鲜的狗食,但价格昂贵,营养较差。打开后,一定要在当天吃完。市面上有各种不同种类的罐装狗食,配合狗的不同成长过程。当成长趋于稳定后,就可以喂以成犬用狗食,但不同犬种的必需热量不同，所以，狗食的成分会有所调整。

另外，还有怀孕、哺乳期用，减肥狗食、老年狗食等。以及用于调教和点心的零食、强化营养的营养辅助食品。可以根据狗的生活情况，选择适当的狗食。

作为赛道犬的特殊饲养管理

◆作为赛道犬的营养要求

在通常情况下，竞争压力、脱水、运动量改变，这三种因素能影响灵猩这种运动型犬只的营养需要。反之，也可以通过营养的搭配有效缓解压力情绪，预防脱水发生，提供能量促进动量。作为赛犬，它们对食物营养的基本要求是：

食物提供大量的优质能量。

食物易消化，能尽可能减少肠消化物的体积和重量。

食物能保持适当水合作用，确保不会发生脱水情况。

食物中的成分能缓冲跑步造成的新陈代谢的酸化作用。

食物能有助于通过适当训练取得理想成绩。

食物尽可能补偿由压力带来的任何生理缺陷。

◆赛道犬食物营养特效添加剂

犬对能量的需要量取决于运动的强度及其持续时间的长短，一般说来，训练者会让参加赛道比赛的犬只保持适当体重，如果可能的话要每周称重，调整每天的食物定量来保持稳定的体重。

给赛道犬提供优质能量特别重要，赛道犬理想的能量标准应考虑总的质量因素，还要考虑到所给食物的性质。

食物中提高能量的成分应保持平衡。犬运动持续时间越长，食物里的脂肪含量就应越高，持久运动的脂肪含量应该达 35%；犬运动持续时间短，食物里的脂肪含量就应低些，短期运动的食物脂肪含量 16%～20%，而介于两者之间的运动理想脂肪含量为 25%。

赛道犬有着极强的爆发力，为保证能量及时供给，并能很快为身体工作所利用，赛道犬必须选用超能量的、高消化的、专门的干粮，这样消化物和排泄物都少。这种干粮可简单地用粪便量和消化量来评价。对于赛道犬来说，每 100 克干粮所对应的最佳粪便量为 45 克。

运动给身体增加压力，从而增加特定的营养需求，作为赛道犬需要补充的营养添加剂主要如下：

根据运动的强度适当增加蛋白质的含量，含量应该占食物重量的 32%～40%。增加维生素 B 的含量，特别是维生素 B_1、维生素 B_6 和维生素 B_{12}。增加抗氧化剂含量，如维生素 E、硒。增加 ω–3 不饱和脂肪酸含量，ω–3 不饱和脂肪酸，是由寒冷地区的水生浮游植物合成，以食此类

植物为生的深海鱼类（野鳕鱼、鲱鱼、鲑鱼等）的内脏中富含该类脂肪酸；ω–3 不饱和脂肪酸从鱼中提炼出来，可以促进红细胞流动，和氧气交换，减少同运动有关的炎症。还要补充钾、钠，运动中若钾、钠等电解质大量丢失，会引起身体乏力甚至抽筋，导致运动能力下降。补充低聚果糖（乳酸菌，有助于食物消化）等。

◆赛道犬比赛期间的食物

比赛期间所需要的营养比例

特殊干粮 30 千克的犬每天 650 克	
蛋白质	约 30%
脂肪	约 16~20%
纤维	约 2%
NFE	约 43%
钙	约 1.4%
磷	约 1%
热量	约 4100~4300 大卡
另：添加其他矿物质，微量元素，维生素最佳	

比赛期间自制食物比例

30千克的犬每天 1200 克		
鲜红色肉	约 60%	
谷类薄片	约 30%	蛋白>33%
豆油	约 2%	脂肪>14%
椰子油	约 2%	NFE>45%
鱼油	约 2%	热量>2250 大卡
有效维生素含量	4%	
另：补充矿物质 ME/千克		

比赛期间的自制食物配方：30千克比赛灵猩每天食物含量举例：瘦肉约750克；米饭约450克；骨粉约2茶匙；玉米油约1茶匙；肝约30～60克；补充维生素和微量矿物质。

◆赛道犬非运动期间的食物

赛道犬非运动期间的维持食物营养比例

维持性干粮30千克的犬每天500克	
蛋白质	约25%～27%
脂肪	约12%～16%
纤维	约3%
NFE	约55%
钙	约1.2%
磷	约1%
热量	约3700～4100大卡
另：添加其他矿物质、微量元素、维生素最好维持运动所需	

赛道犬非运动期间的自制维持食物配方

30千克的犬每天1370克	
鲜红色肉	约450克
谷类薄片	约750克
豆油	约120克
椰子油	约10克
鱼油	约10克
热量	1340大卡
另：有效增补维生素/矿物	

◆赛道犬的喂养方法

赛道犬每天的食物配给量应该遵循以下原则：营养集中，比例平衡，易于消化，适当供给，合理饮食。

在饲喂中要考虑到赛道犬的食物有一系列的适应问题，需要考虑以下五个的问题：供给的食物能够维持身体需求吗？食物有没有含有较高的能量和必需的营养成分？怎样的食物搭配会降低粪便排放量？食物中的脂肪含量是否充足，能否满足体育锻炼的需要？蛋白质和维生素的含量如何，能否减轻压力的需要？

对于仅供赛道犬比赛需要的食物，可以根据标准，结合自身犬只的身体状态进行调整，可根据运动的需要补充高效能的比赛犬专用食粮，而可将自制食品变成的休闲食品。一旦选中了合适的食品，作为主人就制订犬只的年度喂养计划，这样才能保证食物营养的系统性，充分满足训练、比赛的需要。

在赛道犬非比赛的休息时期，应该喂些维持性食物。而在训练期间，应逐渐将食物转变成适合比赛犬需要的食物，每一次食物改变需要 1 周的过渡期，在供应维持性食物的基础上，逐渐增加食物供给，向比赛型食物转变。

比赛期间，比赛增加的压力可能要求增加食物供给，食物量应根据动物体重调整。比赛犬应该在早上比赛前至少 4 小时摄取当天 1/4 的食物，饮用大量的水。余下食物则每天晚上相同时间摄取。运动犬应该保持喝足量的水，特别运动过后需马上饮水，这样可防止脱水。

在比赛逐渐停止时期，应该逐渐恢复到维持性食物水平。

◆禁止使用兴奋剂

随着赛犬运动持续发展，赛犬运动作为一种新兴的娱乐方式，参与的人越来越多，而且有些比赛的赌注也较大，因此为尊重运动道德，保护犬只的健康，姑且赛犬需接受兴奋剂检查。在美国、澳大利亚、欧洲开展的赛道比赛已率先进行兴奋剂检查，已经有了几年的国际准则遵循和定期兴奋剂测试。

赛犬运动的营养准备与生理准备不涉及服用兴奋剂。赛前相关准备不可缺少，但必须在兽医的监督下进行。服用兴奋剂是利用任何物质或方法人工增强犬的比赛能力，这是对体育道德的攻击，而且危及犬的身体和心理健康。

虽然，服用兴奋剂事件少，不过在赛犬运动中确实存在：有人为赢取高赌注比赛，会通过为犬只饲喂兴奋剂，以临时提高比赛成绩。

现存规则涉及一系列违禁药物。这些特殊违禁

药物如下所列：止痛剂、类固醇或非类固醇消炎药、抗前列腺素药、合成代谢类固醇、肌肉弛缓药、抗胆碱能药、血液注射。

在国外比赛犬的检测非常严格。兴奋剂测试样品取自犬的唾液、血液和尿，对动物没有危害。取样遵守严格的规则，不同的样品编号，妥善保存，送去实验室进行严格而安全地分析。

兴奋剂虽会暂时提高成绩，但对犬只的危害却是长期而巨大的。合成代谢类固醇、刺激剂、镇静剂、消炎药、利尿剂、β-blockers 等药品在服药时会带来副作用。

第五章

赛道犬的比赛训练

要想在赛道上取得好成绩，既要有只好的灵提，更需要有一套好的训练方法。

犬只运动生理学

犬同人类一样，高强度的比赛会给犬的身体上和心理上带来压力。我们需要对比赛犬只体力付出所造成的主要心理变化有一个总的了解，这样主人和训练者才能更好地了解犬只的状况，这样才能为犬在参赛前做好充分的准备工作，从而选择最好的方法以尽力避免可能产生的各种病理状况。

◆骨骼、关节、韧带与之相匹配

工作的骨骼 骨骼是由骨性杠杆和有润滑作用的关节所组成，并由纤维韧带、弹性肌腱和强而有力的肌肉联结而成。骨需要营养，通过孔道（滋养孔）而入骨干的血管则负责供应，但生长板的营养却是由大量丰富的小动脉所供应。如果碰到骨断裂，骨的纤维表面（骨膜）便会制造新的骨细胞去填补骨折所造成的缺口。骨膜总是产生过多的新骨，但是一旦裂缝受到填补后，折断处便会由内到外得到重新的改造。灵猩这类比赛犬有着修长的四肢、弓形的背脊，这种骨骼特点都是与其宽大的步幅，快捷的频率相称的。

工作的关节 骨均是在软骨性关节处连接在一起，而这个关节则起着减震器的作用。每个关节都是由关节串所包围，而里面则充满着关节润滑液。骨的软骨端是个珍珠似的光滑面，故此能令犬只比赛时四肢收放自如，同时亦能够吸收狗只跑动时传在腿部的震荡力。关节软骨的营养是由供给生长板的血液和关节内的液体（滑液）所供应。受伤、疾病，甚至过敏性反应都可能导致关节发炎（关节炎）或者产生过多的滑液（滑膜炎）。

有骨骼疾病的狗不宜参加比赛

韧带和肌腱 韧带将两个骨互相固定，并容许在某个特定方向活动。然而当韧带要制止过大的活动时则有可能导致受伤。过重会产生张力和令韧带撕裂。肌腱是肌肉连接着骨骼处具弹性的尖端。狗的肌腱结构极好，所以极少受伤。

◆心血管和呼吸系统与之相适应

灵猩的胸特别深广，有着特别大的胸腔，以容纳大体积的心脏和高肺活量的肺藏。血液以输送氧气的形式将营养带到全身。肝脏则负责将血内的杂质清除，而双肺则以二氧化碳换取新鲜的氧气。脾脏和骨髓则制造和储存能输送氧气的细胞。当狗狗作剧烈运动时必需应用大量的氧气，同时亦产生大量的废物和二氧化碳。狗的呼吸系统和循环系统都是自动调节的，供应心脏和肺脏的血流便会相应增多。血液会由某些部位如肠脏改道而到身体的肌肉，令狗只有更佳的动力。

◆剧烈运动使血液循环加快

狗狗身体的不同部分在不同时候所需要的营养量是不同的。虽然狗的脑比它身体其他部位小，但正常情况下它会得到 10%~20% 由心脏泵出的血液。当安静状态时，心肌得到的血液供应是脑的一半，而身体其他肌肉则是脑的 2 倍。当狗狗快速奔跑时，血液循环便会显著地改变。虽然脑部的血液供应维持不变，但流向心肌的血液会增多 4 倍，而流到身体肌肉的血液则增多 20 倍。大约 90% 由心脏泵出的血可转流到肌肉。与此同时，流到身体其他部分的血流则相应减少。

锻炼期间循环系统发生变化，有助于促进血液流动，这样氧气就可以流向新陈代谢速度加快的组织，特别是肌肉部位。为了达到这个目的，心脏输出增加，血液从不太活跃的区域流向活跃的区域。当脾收缩时血液运载氧气的能力增加，释放大量的红血球进入血流，这样可以增加白细胞比容和血红蛋白的数量。

◆心脏功能增强心脏输送增加

心脏输出可以大幅度的增加，能够达到测试水平的10倍，心率上升很大，取决于运动的强度。猎犬心跳可达到每分钟300跳。工作肌肉血管舒张，这样可以增加体内血液运动。

经过4～5星期的每天训练，犬的心血管系统和呼吸系统发生了显著的变化，心脏和血液循环系统发生变化是由于重复的体育锻炼可以使心脏工作所需能量减到最小，提高心脏功能。训练过的犬安静时的心率比少动的犬心率要低，而且它们的呼吸节律不齐更加明显，它们的血浆浓度高些，而且它们的静脉血液回流快，以上所有因素都增加了心脏的输出。

◆赛道比赛犬血液发生适应性变化

经过良好训练的比赛犬，其体内血液的形状发生了一系列适应性变化，如纤维蛋白溶解作用增强，血液容量增加，红细胞变形能力增加，血黏度下降等。这种变化在停止训练一定时间后是可以恢复的。具有这种特征的血液成为比赛犬血液。比赛犬血液发生适应性变化对犬体的重要意义：

血容量增加 血容量增加有利于增大运动时的心脏输出量，对于提高总体的运动能力尤其是有氧耐力意义重大。有些训练师在训练时间有限的情况下，采取赛前自身血液回输的办法来改善心输出量，最大有氧能力和提高血液的运氧能力，取得了较好效果。

血液黏滞性下降 竞赛犬血液黏滞性下降，血容量增多，这些因素有利于减少血液阻力，加快血流速度，使营养物质、激素等运输以及代谢物排除更迅速，也利于体温调节和大强度运动时散热。

减少血浆水分转移 减低因运动时血浆水分转移、丢失而造成的血液过分浓缩的程度。

血浆清蛋白浓度升高 血浆清蛋白浓度升高，有利于运载脂肪酸供能。另外，耐力训练引起血容量的适应性变化是可逆的，停止训练1个月左右犬只的血容量将减少9%。

◆运动训练对心血管系统的影响

经过长期训练可以促使犬心血管系统的形态、机能和调节能力产生良好的适应。概括起来有以下三点：

窦性心动徐缓 运动训练，特别是耐力训练可使犬安静时的心率减慢。优秀的赛犬安静时心率可低至40~50次/分或更低，这种现象称为窦性心动徐缓。这是由于控制心脏活动的迷走神经作用加强，而交感神经的作用减弱的结果。窦性心动徐缓是可逆的，停止训练多年后可以恢复到接近正常值。窦性心动徐缓是经过长期的训练后心脏功能发送的良好反应，故可以将窦性心动徐缓作为判断训练程度的参考指标。

运动性心脏增大 研究发现，运动训练可以使犬心脏增大，是对长期运动负荷的良好适应。其表现为，外形丰实，收缩力强，心力储备高。对于灵猩•格力犬，6个月每天剧烈的训练会使心脏壁的厚度增加50%，左心室腔的容积增大50%，训练同样使肌肉毛细管的数量和浓度增大。

心血管机能改善 经过训练可以提高心脏每分输出量（每分输出量=心率×每搏输出量）。另外，心肌微结构也会发生改变，心肌纤维内ATP酶活性提高，心肌肌浆网对Ca_2^+的储存、释放和摄取能力提高，线粒体与细胞膜功能改善，ATP再合

成速度增快，冠状供血良好，使心肌收缩力增加。运动训练也可使心血管调节机能得到改善，表现为开始运动后，能迅速动员心血管系统功能，以适应运动的需要。进行最大强度运动时，在神经和体液的调节下可发挥心血管系统的最大潜力，充分动员心力储备。运动后恢复期短，在运动时机能变化很大，但运动一停止就能很快恢复到安静时水平。

◆测定脉搏（心率）对训练十分重要

脉搏是指动脉血管壁随心脏的收缩和舒张而产生的规律搏动。正常情况下，脉搏频率和心率是一致的，所以常用测量脉搏来代替心率测定。

基础心率 犬在刚睡醒时的心率为基础心率。身体健康、机能状况良好时，基础心率稳定并随训练水平提高而呈平稳下降趋势。如果身体状况不良或染病等，基础心率会有一定程度的波动。训练期间在一段时间内基础心率波动幅度增大，如果没有其他影响心率因素（如疾病、强烈的精神刺激、休息不充分等）存在的情况下，可能是运动量过大，身体疲劳所至。

安静心率 安静心率是空腹不运动状态下心率。不同竞技项目的犬只安静心劳日拙率有所差别，耐力型犬只安静心率低于速度型犬只，训练水平高的安静心率较低。

控制运动程度 运动中的吸氧量是运动符合对机体刺激的综合反应。研究显示，心率和吸氧量及最大吸氧量呈线性相关，这就为使用心率控制运动量奠定了基础。通常（短跑训练除外）将犬在训练时的心率控制在 120～150 次 / 分的最佳范围内。

犬训练时心率在 120~150 次/分之间

◆运动对呼吸机能的影响

运动时随着强度的增加，机体为适应代谢的需求，需要消耗更多的氧气和排出更多二氧化碳，为此，通气机能将发生相应的变化。具体表现为呼吸加深加快，肺通气量增加。

常用呼吸当量来评定犬训练水平的高低。呼吸当量是指每分钟的通气量与摄氧量的比值，犬的呼吸当量越小，氧的摄取效率越高。安静时的呼吸当量为 20～28，这就意味着机体必须从 20～28 升的通气量中才能摄取 1 升的氧气，而经过高水平训练的犬有的可以低于 20。呼吸当量增大至 30～35 时，标志着氧的摄取效率已十分低下，没经过训练的犬已坚持不了较长时间的运动，但高训练水平的犬却可以在呼吸当量达到 40～60 时仍能奋力训练。运动负荷相同时，呼吸当量小的犬训练水平高。

神经、肌肉和活动与之相适应

狗的中央神经系统是由脑和脊髓组成的。它周围的神经系统包括有十二对神经，起源于脑和供应头部与颈部所需。这些一对对的脊柱神经分别离开脊椎的开口并供应全身。这些神经的主体（神经元）则在脊髓内。神经纤维（轴索）位于脊髓外，当狗只活动时，脑部便会将信息沿脊髓而下，并经过周围的神经传到不同的肌肉去，使某些肌肉收缩而其他则舒张。周围神经系统的另一个部分——自主神经系统（ANS）——是控制狗的不随意活动。

◆脊髓

在狗背部的脊髓几乎是由脑部伸展到尾的底部。脊髓受到脊柱牢牢的保护，并且浸在防震的脑脊髓液内。不管狗只是睡着或是醒着，都有大量信息由皮肤、肌肉和关节的受体通过周围的神经运送到脑部。这些信息大部分只是储存做日后之用，但有些则使狗只具有知觉并引发其活动。有效地应用肌肉包括使那些深入肌肉周围的神经工作得更完善，令狗只受到刺激时所作出的反应像是不由自主似的。

◆自主神经

自主神经是供应给心脏、内脏（脏腑）、消化腺、呼吸和泌尿生殖系统、头部和皮肤以及血管的平滑肌。交感神经系统是隶属于自主神经系统的。这个神经系统包括一连串位于脊柱外的神经节（即是神经与神经之间的交接点）。交感神经离开椎间孔后便进入一连串的交感神经节，之后便发出到身体的不同部位。如果这些神经受损，那些受其控制的器官便会失控。例如位于中腰部的脊柱受损将会使到控制膀胱的自主神经受到破坏，结果造成尿失禁。

专家提示

一只健康的狗有完善的协调活动和平稳的步态。如果它的身体无法协调和部分或完全瘫痪就应该检查神经系统。这些情况可见于肌肉或神经受损。脊髓或周围神经的损害可令肌肉丧失接收或发放信息的能力。痉挛往往表明脊髓或脑部受损。肌肉如果没有血液供应就会僵化。同时，肌肉若不被运用或是供应肌肉的神经受损，它就会出现皱缩。如果狗只的屈曲动作有困难，便需要到兽医处求诊。当进行一系列测定狗只反应机能的测试后，通常都能找出问题所在。

◆肌肉的种类

狗有三种肌肉。平滑肌控制内脏的活动，心肌占心脏组织的大部分，而其他的均是骨骼肌。狗可以随意控制骨骼肌的收缩和舒张。在显微镜下可见骨骼肌成束状，平滑肌则不同。骨骼肌大部分的肌肉都是由一束束的长细胞和肌纤维组成。

◆肌纤维的类型和特征

竞技犬肌纤维通常是按收缩速度分为快肌纤维和慢肌纤维。

快肌纤维的直径较慢肌纤维大，含有较多收缩蛋白。快肌纤维的肌浆网也教慢肌纤维发达。因此，快肌纤维中一些重要的与无氧代谢有关的酶的活性明显高于慢肌纤维。肌肉中所含快肌纤维的百分比越多，其收缩的力量越大，速度越快。虽然快肌纤维在收缩时能产生较大的力量，但容易疲劳。

慢肌纤维周围的毛细血管网较快肌纤维丰富。慢肌纤维中氧化酶系统如细胞色素氧化酶、苹果酸脱氢酶登的活性都明显高于快肌纤维。实验证明，慢肌纤维氧化脂肪的能力为快肌纤维的 4 倍。慢肌纤维的抗疲劳能力比快肌纤维强得多。

◆肌纤维类型与竞技项目

从以上特性可知在力量与速度的项目（竞速和拖重等）中需要更高的快肌纤维百分比；而在即需要力量又需要耐力的项目（格斗等）中需要快肌纤维和慢肌纤维的百分比相当。

肌纤维对训练的适应表现为两方面：1.肌纤维选择性肥大。耐力训练可以引起慢肌纤维选择性肥大。速度和爆发力训练可以引起快肌纤维的选择性肥大。2.酶活性改变。经过单纯耐力训练的犬只肌肉中，与氧化供能有密切关系的琥珀酸脱氢酶活性较高，而与糖酵解及磷酸化供能有关的乳酸脱氢酶及磷酸化酶则活性较低。而单纯进行速度和爆发力训练的犬只则恰恰相反，乳酸脱氢酶及磷酸化酶活性较高，琥珀酸脱氢酶活性较低。

短程赛道比赛要求犬只的爆发力要好

能量代谢与之相适应

运动时能量消耗明显增加，能耗的增加受制于运动强度、运动持续时间等因素。

◆骨骼肌收缩的直接能源

肌肉活动的直接能量来源是三磷酸腺苷，即 ATP。事实上，犬体各种生理活动所需要的能量，基本由 ATP 供给。ATP 最终来源于糖、脂肪、蛋白质的氧化分解。肌肉活动时，肌肉的 ATP 浓度下降，必须立即提高 ATP 浓度、这样就能继续运动或工作。

ATP 在酶的作用下，迅速分解为二磷酸腺苷（ADP）和无机磷酸，并释放出能量。但由于 ATP 储量有限，ATP 一旦被分解，便迅速补充。这一直接补充过程由肌肉中的另一高能磷聚合物 CP（磷酸肌酸）完成。CP 释放能量用以将 ADP 再合成为 ATP，肌肉中的 CP 的再合成则靠磷酸原系统、酵解能系统、氧化能系统三大能源系统。

◆磷酸原系统

又称 ATP–CP 系统。该系统主要由结构中带有磷酸基团的 ATP（包括 ADP）和 CP 构成，由于在供能代谢中均发生磷酸基团的转移，顾称之为磷酸原。ATP 和 CP 在肌肉中存储量很小，而事实上磷酸原在运动中的可用量只占 1%左右。磷酸原系统作为极量运动的能源，虽然维持运动的时间仅仅 6～9 秒，但却是不可替代的快速能源。因此，在训练中及恢复期，应设法提高肌肉内磷酸原的储备量，又要重视提高 ATP 再合成速度。

◆酵解能系统

又称乳酸能系统，是运动中骨骼

肌糖原或葡萄糖在无氧的条件下酵解，声称乳酸并释放能量供肌肉使用的能源。该系统尽管生成能量数量不多，但在极量运动的能量供给中具有特殊重要性。在极量强度运动的开始阶段，该系统即可参与供能，在运动的30秒左右供能效率达到最大，约为磷酸原系统最大输出功率的1/2，维持运动时间约2～3分钟。犬竞跑比赛主要靠磷酸原和酵解能系统提供。

酵解能系统在极限运动中作用重要

◆能量付出产生生理压力上的影响

能量付出会给运动犬会施加压力，引起行为发生改变（如吠叫等）、自发神经系统发生改变（唾液分泌，心动过速，瞳孔放大等）、消化问题（呕吐，腹泻，胃溃疡）以及贫血。犬训练员要经常记录在比赛中期发生的这些症状，分析可能是由什么原因造成的。

过度训练经常是产生这些变化的主要原因，不过应该认识到犬能够从心理上轻易地区分训练和竞赛或现实情形。一般说来，压力状态经常使动物忧伤，然后通过特有的行为特征反应当时的心理。对于犬来说，它们经常用某些为人熟悉的行为表现出忧伤或害怕。这些行为有排泄（排尿，不断排便），发出声音（吠叫和嗥叫）以及其他动作如咬物体或咬兽笼、挖泥土等。

正因为以上这些原因，行为反应、自律反应、消化反应以及其他反应等不容争辩的都是由压力引起的。在这些反应中，显然通常对新陈代谢要求高的各种身体测试项目中，消化问题对身体的危害最大，特别是在缺水和缺电解矿物质或食物和水缺乏的情况下，消化问题的危害更大。

正确而合理的培训程序，沉着而正常的心理状况，特别是饮食等这些都是关键因素，可以防止由于过度训练而产生的压力。

赛道犬训练的基本原则

训练是通过体育锻炼，为比赛进行体力、技术和战略，以及姿态上的准备。当把这套训练用到犬身上时，犬的主人或训练者会创立一系列的体育锻炼方法，适合犬在嬉戏气氛下进行训练。

◆训练工作量要合适

工作量这个概念是十分重要的。只有持续时间长而且强度大的体育活动才能被称为训练。工作量应根据所要求能力水平的提高而增大，不过也不能使犬心烦，并且感到乏味，否则犬就会失去一切动力。

工作量应该逐渐施加，特别是对那些刚刚起步的犬更应如此。而已经训练过的犬，为使训练有效，训练要经常进行，有些步骤可加速进行，而且还要持续施加。

工作量应随时间的不同而改变。的确，不可能一年到头让犬处在相同的健康水平，工作量应随准备和竞赛情况以及训练时间而有所调整。

工作量所涉及的训练内容也应该改变。在一场训练中，犬要求达到一定的体质要求、力量、速度、耐久力和协调能力，这些要求犬的身体能适应各个方面，而且每次适应的恢复期是不同的。如果犬要求付出某种体力，而当时犬正中另外一种工作中恢复，前者并不会影响后者体力的恢复。实际上，前者有助于后者最大限度的恢复，各种工作量交替进行，有助于节省时间，从而能够更好地工作。例如，当犬正在从一次跑步中恢复，这时它能做一种不同的训练，比如进行肌肉拉伸运动。在一个训练期间内，各种工作量的安排应该有一个正确的次序，那些需要爆发力、速度和协调性的训练通常安排在训练初期，然后进行不完全恢复的训练，接着进行耐久性训练。

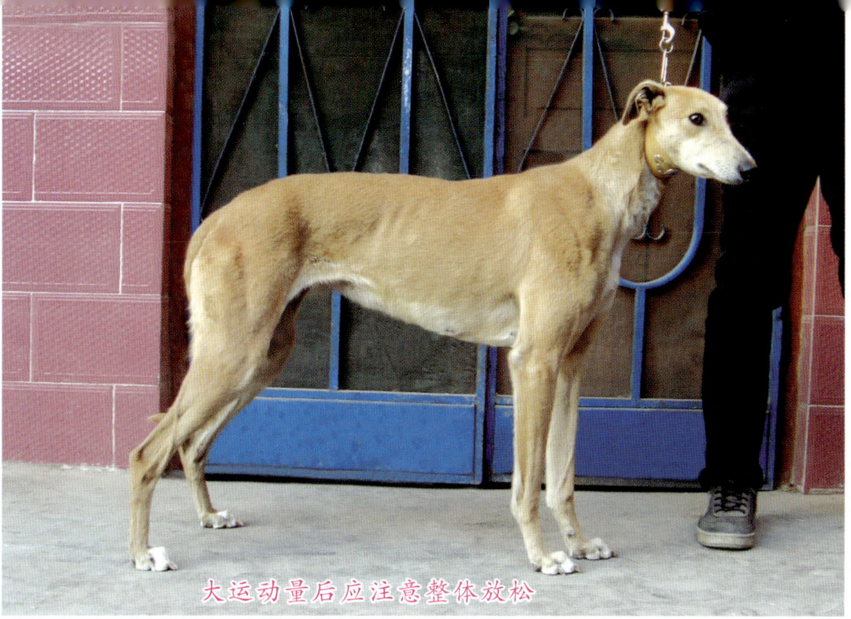
大运动量后应注意整体放松

◆针对参赛项目确定训练重点

不同的比赛项目有着不同的运动特点，不同的比赛对骨骼肌纤维类型、心血管系统、呼吸机能、能量代谢特点都有不同的要求。通过运动特点的要求，可以判断此运动属于有氧运动、无氧运动还是介于两者之间，就可以判断出各能量供应系统所占的比例。结合供能系统比例选择最合适的快慢肌纤维比例，并考虑由此派生出的对循环机能、呼吸机能、肾脏机能、内分泌机能和神经机能的要求。

赛道犬训练内容与方法

◆有氧运动能力的训练

有氧能用于需要运输氧气和利用氧气的长时间运动中。在一段时间的轻松训练后，进行中速长距离跑步或一系列速度较快的短跑有助于增加有氧能。

◆持续训练法

持续训练法是指强度较低、持续时间较长且不间歇地进行运动训练的方法，主要用于提高心肺功能和发展有氧代谢能力。对于发展有氧代谢能力来说，总的工作量远比运动强度更为重要。由于机体内脏器官的

惰性较大，需要在运动开始后约 3 分钟才能发挥最高机能水平。因此，为发展有氧代谢能力而采取的训练，运动时间至少在 5 分钟以上，甚至可持续 20～30 分钟以上。

长期持续运动对犬生理机能产生诸多良好影响。主要表现为：能提高大脑皮层神经过程的均衡性和机能稳定性，改善参与运动的有关中枢间的协调关系，并能提高心肺功能和呼吸当量，引起慢肌纤维选择性肥大，肌红蛋白有所增加。对于发育期的犬要以地强度的匀速持续训练为主。

◆间歇训练法

间歇训练是指在两次运动之间有适当的间歇，并在间歇期进行强度较低的练习，而不是完全休息。间歇训练法比持续训练法能完成更大的工作量，并且用力较少，而呼吸、循环系统和物质代谢等功能得到较大的提高。在间歇期间，肌肉得到休息，而心血管系统和呼吸系统的活动仍处于较高水平。如果运动时间短，练习期肌肉运动引起的内脏机能的变化，都在间歇期达到较高水平。无论在运动时还是在间歇休息期，可使呼吸和循环系统均承受较大符合。目前在多数项目的训练中，都大量采用间歇训练法。其方法运用成功与否最关键是根据不同犬只、不同运动项目的特点，科学合理地安排每次练习的距离、强度及间歇时间。

无氧运动能力的训练

◆发展磷酸原系统供能训练

在发展磷酸原系统供能能力的训练中，主要采取无氧低乳酸的训练。无氧能可使肌肉在缺氧状态下努力工作，如快速跑步时（灰猩环形赛）。在实际练习中，为了获得这种能量，十分短而剧烈的运动与体力恢复交替进行。这种训练对犬的身体和心理要求高，只能在比赛临近时使用。其训练原则是：

a.最大速度或最大强度练习时间 10 秒钟到 1 分钟短跑，不超过 1 分钟；b.每次练习的休息间歇不短于 60 秒，休息间歇短时 ATP、CP 在运动间歇中的恢复数量不足以维持下次练习对于能量的需求，故间歇时间一般 1～2 分钟的效果更好；c.成组练习后，组间的练习间隔不少于 4 分钟，因为 ATP、CP 的恢复至少需要 4 分钟。

◆提高糖酸解供能系统的训练

犬体生成乳酸的最大能力和机体对它的耐受能力直接与运动成绩相关。1 分钟极量强度间歇 4 分钟的运动可使体内获得最大的乳酸刺激，是提高最大乳酸能力的有效训练方法。经常以这种方法训练，能最大限度地动用糖酵解系统供能的能力和机体对乳酸的耐受能力。

提高步伐速率的训练

大脑皮层神经过程的灵活性是实现高频动作的重要因素。为改善和提高犬神经过程的灵活性，应采用不断变换信号使犬迅速做出反应的练习，以及各种高频动作的练习。如使用竞赛机、电动跑台、顺风跑等，都可以使犬在不缩短步长的情况下增加步频，提高神经中枢兴奋与抑制的快速转换能力。训练时应注意保护其脚垫。

灵敏素质训练

灵敏素质是指犬迅速改变体位、转换动作和随机应变的能力。它是多种运动技能和身体素质在运动中的综合表现，是一种较为复杂的素质。大脑皮层神经过程的灵活性及分析综合能力是灵敏素质重要的生理基础；灵敏性素质与各感觉器官机能状态的改善有密切关系；灵敏性素质还需要良好的身体素质作保障。

训犬师可利用逗引物让犬随逗引物完成跑跳、急停和变向等动作。实践证明，在训练前期安排灵敏素质训练不但可以提高犬的灵敏性，而且，可以使犬更好的进入兴奋，便于接下来的体能训练。灵敏素质受遗传因素影响很大，因此在挑选训练犬只时应注意。

柔韧素质是指有力做动作时扩大运动幅度的能力。关节运动幅度的增加，对于提高运动质量十分重要，往往柔韧性越好，动作就越舒展和协调，并有助于减少运动伤害。

柔韧素质训练应在犬发育期便实施，效果好于成犬后训练。另外，有些训犬师喜欢在跑步机训练时使用胸背带，这样的做法是不可取的，将犬用胸背带固定在跑步机上，会影响犬在奔跑时的舒展，容易使犬受伤。

这一圈跑下来
可把我累惨了！
嗨，哥们儿！我要在
这儿好好躺会儿！
别烦我，这草地真舒
服，我要多休息一下！

赛道犬运动性疲劳与恢复

◆运动性疲劳

运动性疲劳是指在运动过程中，机体的机能能力或工作效率下降，不能维持在特定水平上的生理过程。运动性疲劳是由于身体或肌肉运动引起的，主要表现为运动能力下降。

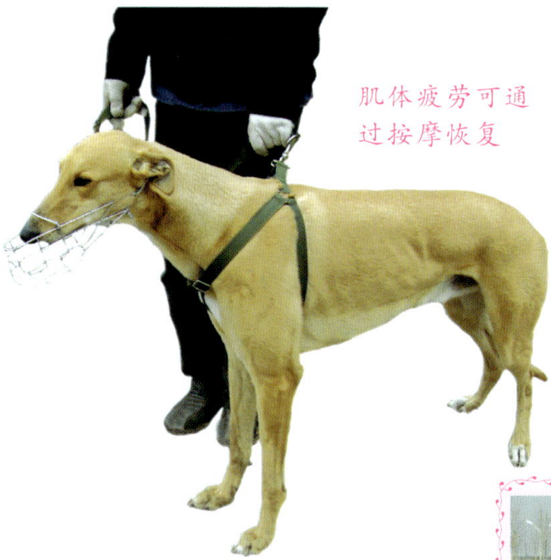

肌体疲劳可通过按摩恢复

在日常犬训练中，主要以基础心率来衡量疲劳程度。犬身体健康、机能状况良好时，基础心率稳定并随训练水平提高而呈平稳下降趋势。如果次日犬心率较前日有所升高，在无疾病、强烈的精神刺激、休息不充分等情况下，则证明前日运动量过大，犬过于疲劳未能恢复，可合理降低训练强度。如基础心率有所下降，则可以合理增加训练强度。

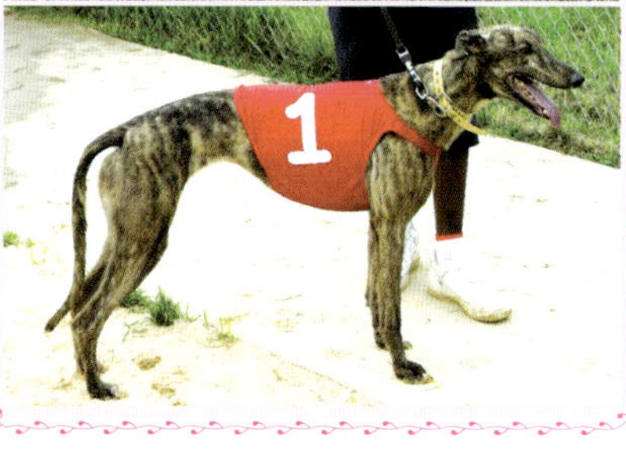

◆积极休息进行恢复

积极休息是指采用变换运动部位和运动类型，以调整运动强度的方式来消除疲劳的方法。训犬师经常采用调整训练内容、转换练习环境等方式进行积极休息，以达到提高训练效果的目的。

◆放松练习进行恢复

整理活动是指运动之后所做的一些加速机体供能恢复的较轻松的身体练习。做好充分的整理活动是取得良好训练效果及预防运动损伤的重要手段之一。如在训练后，牵犬散步和帮助犬做四肢的伸展运动等。

◆良好睡眠促进恢复

睡眠对犬身体机能的恢复非常重要，舒适的睡眠可以保证犬精力和体力均得到恢复。因此，在犬睡眠时，应使环境保持安静、舒适，避免蚊虫、跳蚤等的影响。

◆物理手段帮助恢复

大强度和大运动量训练后，采用按摩、理疗、吸氧和针灸等物理手段，能促进犬体机能恢复。

◆营养学手段协助恢复

运动时所消耗的物质要靠饮食中的营养物质来补充，合理增加营养的摄入有助于加速恢复过程。

第六章

犬只日常的清洁护理

这种运动型狗狗常在外面奔跑，身上极易沾上脏物，因此须做好犬体的清洁护理工作，让其精神焕发，整天都保持着愉悦的心情。

常规护理

由于灵猩犬毛短而光滑，所以美容相对简单。日常用鬃刷和刷毛手套梳理，注意清洁，按程度刷理毛发，并修剪蓬乱的毛发就可以了。

用手套将犬毛彻底刷一遍，这有助于去掉死毛、促进毛发健康生长。为了更有效地梳理，应在毛发湿漉的情况下戴上刷毛手套刷洗。

洗澡

洗澡和其他保养或许会令狗感到不舒服，因此，必须从小狗时代就好好调教。刚开始，狗或许会感到害怕，要耐心对待，顺利完成时，要及时加以称赞，这很快会使爱犬和你建立起信赖关系。

灵猩是短毛犬种，可以根据毛皮污脏的程度，每 1～2 个月沐浴一次。在春天至秋天等天气比较温和的季节，可以 1 个月洗 1～2 次。

夏天时，可每天用冷水洗澡。平常不是很脏时，只要用湿毛巾擦拭，就可以使毛皮保持美丽。

洗澡必须事先充分梳刷皮毛，并准备好所有的用品。在用适合其毛发特点的洗发香波洗澡后，用清水清洗干净，再用吸水毛巾将犬擦干，最后用暖风机吹干毛发。

如果洗澡在浴缸里进行，应在下面铺上防滑垫，另用美容绳或非皮制牵绳把狗固定，以免狗逃避洗澡，不然当它逃脱，你可无法追上它。在开始放水之前，要先把所需用品准备好，例如棉花球、眼药水、洗毛剂、一桶水、毛巾、海绵、橡胶刷等。把洗毛剂倒入水桶中，放进海绵，一切就绪后就可以开始洗了。把棉花球塞入耳朵内防水，点上眼药水防止眼睛对洗毛剂过敏。

除了为犬洗澡之外，还应定期晾晒、清洗它的寝具。

眼睛护理

如果眼眼有疾病，或不及时清洁眼睛及眼角周围，那么它的眼部四周会形成泪痕。当看到有眼屎或黄色的污垢时，要立刻擦除。如果眼睛模糊，或是流眼泪时，可能是眼睛以外的部位有什么疾病，必须在观察后，请教兽医。当异物进入眼睛时，要使用眼药水将异物去除。点眼药水时，可以扶着狗的下巴，使它抬起头，并用脱脂棉花擦去多余的眼药水。如果狗感到害怕，可以让它稍微闭起眼睑，再点眼药水，然后再让它轻轻张开

眼睛。眼睛需要经常加以清洁与检查，你可以用棉花球沾温水为它擦净，除去眼角侧堆积的污垢，预防感染与出现眼渍。

清理耳朵

灵猩这种狗狗的耳朵平常是半立着，易产生耳垢，每周要检查与清洁其耳朵。首先让狗躺下来，然后查看耳朵里是否有异物，如果有，要很小心地为它清除。健康的耳朵应该是没有过多的污垢与耳垢的，而且没有任何臭味，当你摸它耳朵时，不会觉得热热的或是很敏感不让人碰，如果是这样，那就可能已经感染了。观察一下狗是否会一直摇头或把头侧一边一直抓，这也是耳朵有问题的症状。每周一次帮狗狗用耳油清一下耳垢，这样就能保持狗狗的耳朵健康。如果耳朵有感染耳疥虫，就必须就医诊治，并请兽医教你如何为它做进一步耳朵清理。

清洁牙齿

帮狗刷牙至少一周两次。刷牙要从小训练，使用狗专用的牙膏来帮狗刷牙，不要用人用的牙膏，以免狗会生病。刷牙的方法就像你自己刷牙一般，经常刷牙可以让狗的牙齿洁白，降低口臭，去除牙菌斑，防止牙垢及口腔疾病之感染。如果牙垢已经产生，应请兽医师清除。食用颗粒状狗食有助洁牙，罐头狗食及软性狗食品较容易产生牙菌斑，嚼食硬的狗饼干与咬洁牙狗玩具也可帮助牙齿健康。

修剪趾甲

趾甲过长会影响狗狗的运动。当路上甲过长时，趾甲会弯进肉垫内，会给狗狗造成难以忍受的伤痛，狗狗的步态会发生明显变化。因此，应养成定期修剪趾甲的习惯。幼犬为每周一次，成犬每月要修剪一次。当你看到狗的趾甲在站立时会触及地面时，就应该加以修剪。修剪趾甲前一定要先备妥“止血粉”，万一剪过头而流血，只要用止血粉敷一下即可。参加比赛的狗狗，主人一定要经常修剪它们的趾甲，而且是用一种电动的磨趾甲器，既可以每天使用，又可以修得很漂亮。用左手把脚掌握住，拇指在上，其他手指在脚垫下，这样可以把脚趾头一根根分开，用右手拿趾甲剪，朝趾肉外的趾甲剪下去。万

过长的趾甲会影响奔跑速度

一剪到肉时，放下剪刀，左手继续握紧脚趾，洒上止血粉，然后按压一分钟，再放开检查是否已止血，如果没有，再反复施药，直到血止住为止。剪完第一只脚后，要用锉刀磨一下，以免尖锐的趾甲不小心刮伤主人。然后继续完成其他脚趾的修剪工作。

清理肛门腺

每只狗都有两条肛门腺，正常情况下当狗大便时，会一并排出肛门腺内的分泌物，有时候狗无法正常将肛门腺内的分泌物排出，可能造成感染，患犬也会有在地上磨屁股或想咬屁股的动作出现，甚至于发出痛苦的呻吟。治疗方法就是要把肛门腺内的分泌物挤出来，但这是个又脏又臭的工作，万一你的狗狗有此情况，需请兽医教导如何挤出阻塞的肛门腺，以免造成其他感染。

第七章

灵猩·格力犬的繁殖

灵猩·格力犬的繁殖是一项系统工程，需要掌握科学的繁育方法，是获得品种纯正的必要条件。

灵猩的繁殖方法

◆近亲繁殖法

近亲繁殖法是指血缘有关系的父女、母子、兄妹、姊弟等直系血亲的交配繁殖。采用近亲繁殖是希望父母犬方面优秀的禀性会在子女的身上重现。一般而言，灵猩的近亲繁殖是可行的，但较好的交配法是父配女、祖父配孙女、叔伯配侄女、异母兄弟配异母姊妹等，如此形态统一且有系统的交配法所培育出来的仔犬，大都可以达到理想标准。

近亲繁殖法培育成功时会强化优点，但培育不成功时，双方缺点的强化也是双倍的。因此做近亲繁殖时，公母双方均应做慎重的选择。做到多遗传优点，少遗传缺点。如果成功的是一只极优秀的母犬，则还可再做一次近亲交配，但此时更应该严格筛检小犬，择优汰劣，然后应改用系统繁殖，来定型已强化的优点。这样所繁殖出来的仔犬血统中含有非常多的“优性基因”，则必可成为很好的种犬。

但是使用近亲繁殖法也是非常冒险的，因为一些遗传不良体形或特殊疾病的基因大多数都呈隐性，他们的仔犬中将有一定的比例会带有全为这种隐性遗传缺陷的因子，缺陷就会在他们身上显现出来，例如脱臼、隐睾、裂颚等。

◆系统繁殖法

系统繁殖法是指在公母双方 4 或 5 代的血系中，有一只以上的相同祖先犬，而在双亲及 3 代内，并无同一只犬重复出现，这样的方式就是系统繁殖法。实际上系统繁殖法也是一种程度较轻的近亲繁殖。

采用系统繁殖法时，事先应了解公母犬上 5～7 代的血统，可以从这些血统中研究出预备要配对的母犬的近亲(前 3 代)的血统基础。假如在预备配对的种犬的祖先中,不断出现相同的杰出祖犬,虽然在代数(辈分)上不尽相同,但也可以把它们作繁殖倾向的指标。

一般来说,利用系统繁殖法,繁殖出优秀仔犬的比例也相当大,因为在繁殖时我们依据血统,大约可以推断出公母犬的遗传倾向,而加以善用,则期望中祖先犬优秀的特质将可能重现。

◆异系繁殖法

所谓的异系繁殖法就是欲交配的公母犬双方在前 5 代的血统中没有一点血缘关联(找不到同一祖犬),而完全引进本身所没有的新血统。也就是说如果某一系统的缺点在基本上被强化,而在后来的改良中一直无法突破消除时,又刚巧另一血统都没有这种缺点,而原来的血系又有精密的血统组合时,则可以将此血统纳入而寻求改良。我们将改良后的第一代仔犬称为 F1,通常 F1 的仔犬必须汰劣留优,把带有劣性缺点的仔犬淘汰掉,留下健全者,然后用此正常的 F1 仔犬来交配原来的血系,但原血系却必须挑选从未繁殖出带有这种劣点缺陷者才成。如果 F1 的仔犬不配回原系而继续做异系繁殖,则所生出来的 F2(第二代)仔犬产生劣犬的比例将大为提高, 这是因为它们的基因库已被干扰得乱七八糟,原来那些来自近亲繁殖所获得的"优性因子"的浓度也完全被稀释,而一些好的遗传因子也将被分散掉。

另外还有一种利用"部分异系"的代替方法可行。也就是说引进四分之一的外系(公或母之中有一方带有 1/2 外系),所繁殖出来的仔犬血统中有 3/4 为原系,只有 1/4 为异系。此种手段较为温和,也可达到较为理想的效果。

如果是为了固定毛色而试行异系繁殖法，则所生出的 F1 仔犬必须再跟其父(母)或祖父(母)进行近亲交配，而此时父或祖父的颜色就必须是繁殖者所希望之毛色，这样繁殖者的目标才能达到。

总之遗传学是一门非常精密的学问，有时明明是一项完美的组合，结果却不尽理想；有时觉得没有把握的组合，却产生了好的结果，这是遗传规律中的一种必然中的偶然，偶然中的必然。这就需要灵猩繁育爱好者自己长年累月不断的摸索、探讨，从实际与失败中去获得经验。

比赛犬的遗传选择

BIS It S Ch Skyings Eagled Eyed Eila at Sobers 母犬

BIS SBIS Int It S FIN AUT Ch EUW'05'06 Sobers Galathea 母犬

Ch WW'06 Sobers Hamilton 公犬

衡量比赛犬优秀与否，很大程度上取决于其在赛场上的成绩。赛犬繁殖专家们往往是在可供选择繁殖的犬之间尽可能做出比较，从而通过研究犬的能力，挑选那些具有可遗传的潜力（附加的遗传价值）的犬只作为种犬。这些用以挑选的种犬的依据只能在具有特定规则的运动比赛中使用。目前的技术还不能根据一些标准准确判断一只犬的遗传价值，从而在本犬种内给犬分等级。所以选择最好的比赛犬用来繁殖还只是一种可能，这种种犬选择经常是单凭实验和观察作为根据。

所以对于选种并没有什么十分准确的有效方法，我们只能根据犬只的外形条件、血统、成绩、遗传的稳定性来推测其后代犬只的素质。当这几个方面都有不错的表现时，我们会认为它会是一只好的种犬。

发情

◆发情周期

犬的性成熟年龄因地区、气候、环境及饲养条件等很多因素影响略有差异，一般来说多数雌犬在 11 个月左右出现初次发情。雄犬发情无规律性，成年犬在一年 365 天的任何一天都可发情交配，尤其是嗅到雌犬发情时发出的气味时，会兴奋不已，连声吠叫。发情指母犬发育到一定年龄时所表现的一种周期性活动现象。性成熟的正常母犬，每年发情 2 次，大多数在上半年的 3～5 月和下半年的 9～11 月各发情一次。发情周期一般分为发情前期、发情期、发情后期、无发情期。

发情前期　为发情前的一个时期，发情前期的确定一般以阴道开始有血样分泌物(发情出血)为依据。这个时期母犬会接近并挑逗公犬，但不接受交配。持续时间平均为 9 天。

发情期　指母犬接受公犬交配的时期。发情期持续时间平均为 9 天。

发情后期　为发情结束的一个时期。发情母犬进入发情后期是以母犬开始拒绝公犬交配为依据的。持续时间为 60～100 天。

无发情期　是发情后期到下次发情前期的期间。犬是单发情动物，这个时期不是性周期的一个环节，是非繁殖期。无发情期间的生殖器官呈休止状态。无发情期的持续时间平均为 120～130 天。

通常人们把犬的发情前期和发情期统称为发情。发情前期和发情期的总时间为 11～35 天，掌握发情周期与发情期对于繁育具有重要作用，只有在发情期内才能实现有效交配。

◆发情征候

当犬发情时，它的行为、生理和心理都会发生许多变化，只要准确掌

握了它在发情时不同阶段的不同征候，我们就可以判断灵猩是否发情，处于何种时期，何时可以交配了。

行为变化 多数母犬在发情前期前2~3天，就表现不安、易兴奋，不服从命令，饮水量增加，食欲减少，频频排尿。

发情出血 发情出血是母犬从发情前期开始阴户流出血样分泌物。观察发情出血的持续时间和出血量的变化非常重要。发情前期的初期，阴户流出的分泌物为暗红色或茶褐色血样黏液，以后逐渐变红呈水样；从发情前期的后半期到发情期的前半期，分泌物呈浅红色；发情后期，阴道分泌物为血样黏液。发情出血量，发情前期的前3天量少，中期量多，后半期多停止出血。

阴唇肿胀 发情前期到发情期，阴唇及其周围组织迅速肿胀，触诊阴唇深部很硬。进入发情期后，整个阴唇变软，转为可交配状态。临近排卵时，阴唇肿胀程度最高，排卵后迅速消肿，之后阴唇又肿胀到接近排卵前的程度，以后逐渐消肿，恢复到正常状态。在排卵期的交配才是有效的交配。

阴道分泌物 分泌物为雌性动物生殖器官内壁脱落的细胞和蓄留于阴道内的分泌物，还包括子宫外口部的附着物和子宫颈管的黏液等。

交配

◆交配适期

母犬发情后，准备让其繁殖时要掌握适当的交配期。如果无法正确地掌握，是不易受孕的。要仔细观察以下各点，以找出适当的交配期。

a.出血的颜色由红色变为粉红色，渐渐变淡，黏液增多。

b.外阴部变得更为膨胀且隆起。

c. 用手指轻轻刺激其外阴部的周围、腰、尾巴根部，出现极敏感的反应，尾巴会上翘，扭腰，横躺在那儿，称孕让尾。

d. 当有公犬接近时，母犬会积极地扭腰，做出允许的讯息。另一方面公犬也会闻母犬外阴部的味道，或舔或骑在它背上，做出交配的动作。

e. 从母犬的出血日起开始计算，约第10～14天时，平均是在第12天，出现以上现象时，就是交配的适当时期。

◆交配前的防虫措施

配种前应先肯定交配双方皆健壮。尤其是雌犬，将来要怀孕与哺乳，若有任何寄生虫病，皆易传给下一代。

首先应化验它的粪便，看看有没有体内寄生虫，如蛔虫、钩虫、线虫等。同时，应查清楚它最近1次接受过综合性防疫注射的时间，何时接受预防狂犬病注射。前者在1年期内有效；后者则在3年期内有效。若过了期，应从速补行防疫措施。雌犬的皮毛亦应细细检查，看看有无跳虱、扁虱、耳虱与其他体外寄生虫，比如毛囊虫与金钱癣，皆会传给狗的子女，应于怀孕之前完全医好。雄犬方面，在交配前也应处在健康良好的状态，无虫病。最好双方都有兽医全身检验证明书，并应特别留意签发的日期，这是保障后代优良的做法。

如果要替雌犬驱虫，最好在它发情期之前两周进行，如果太接近其发情期，可能

会扰乱它的周期性。假使你在它刚怀孕的时候才发觉要驱虫的话，则应立即进行。驱虫药宜在上午空肚服食，那天应停食。切勿在怀孕后期替雌犬驱虫，它可能不能忍受，应先请教兽医。

◆交配前的准备

在配种前 2～3 天，再对公母犬的健康情况进行一次全面检查，重点看公母犬有无传染病，尤其是皮肤病和寄生虫病。有条件时，配种前 2 天检查公犬的精液质量，如果精液太稀或精子活力弱或颜色不正，不能配种。配种前半天或 1 天，让公母犬接触一次，但要看住不要让配上，这样能刺激母犬排卵，可大大提高产仔率。配种前一顿，公母犬都不要喂得太饱，以免影响交配或公犬发生反射性呕吐。配种前半小时，让公母犬自由散步，充分排净粪尿。

◆交配过程

犬的交配是指在交配适期内，公母犬在生殖激素的作用下，通过嗅、视、听、触的感觉神经接受刺激，对异性发生的性反射，这种反射是本能的反应。

交配时公犬会迅速爬到母犬背上，两前肢抱住母犬，此时的母犬站立不动，脊柱下凹，使会阴部抬高，便于阴茎插入阴道。公犬的射精过程可分为三个阶段。第一阶段是公犬的阴茎插入阴道时就开始射精，此时精液不含精子；第二阶段是将含有大量精子的白色乳样精液射入子宫内，这个过程较短；第三个阶段是锁结后射的精液为不含精子的前列腺分泌物。

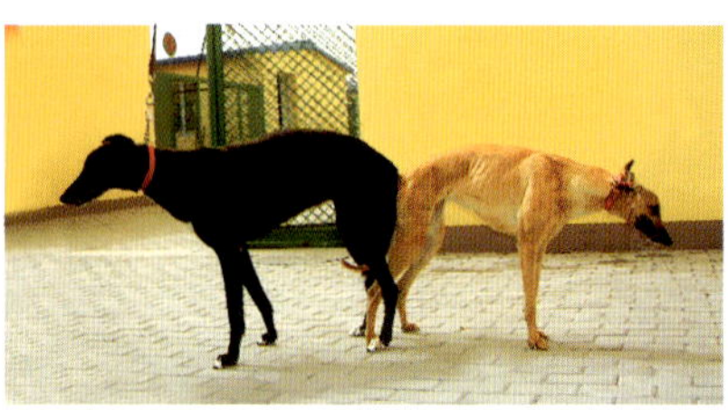

交配中的锁结是指公犬从母犬背上爬下时，生殖器官不能分离而臀部触合姿势，这一姿势一般持续 5～30 分钟不等。在这一阶段完成第三次射精，但这与受孕已没多大关系。

在交配时只要算准了交配适期，一次交配便能受孕；但为了稳妥起见，应该隔天再配一次，以防万一错过排卵期。

妊娠

◆怀孕过程

灵猩在交配后，公犬所射出的精子通过母犬的子宫颈，在左右两边的子宫分开，再继续至输卵管，并在此等待与排出的卵子结合。一只精虫可以让一粒卵子结合受精，受精卵会逐渐移至子宫内，到了第 18 天，受精卵便开始着床，而胎盘、浆尿膜、羊膜、羊水便于此时紧裹住受精卵，让它在子宫内安全而舒适的继续发育。40 天时已可以看到稍微隆起的腹部。而至 60 天时则接近分娩。

◆妊娠诊断

检查者应先抚摸犬给以安全感，使犬安静。取站立式，把犬的头部轻轻挟抱在检查者的腋下，左右手掌放在犬的前腹部乳房与后腹乳房间的腹侧，手指稍张开，两手轻轻边压腹部边朝下腹部滑，妊娠子宫可垂到下腹部，这时，轻轻柔和地用手指挤压，可感知坚硬、隆起的受精卵着床部位，易区别于其他脏器。

◆怀孕犬的特殊照顾

a.宜轻抱轻放，勿在肚上施压力。

b.不宜剧烈运动，以慢慢散步作为运动较宜。

c.切勿让它跳高跳低，尤其是临产前 3 周内。

d.不可喷施过量的杀虱水。

e.犬舍保持通风，保暖，干燥。

f.临产前 1 个月应驱蛔虫。为了安全起见，所用驱虫药分量可请教兽医。

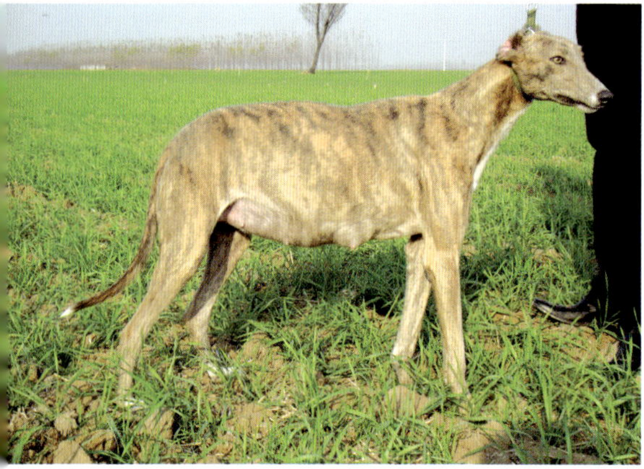

g.怀孕期的最后几天，狗儿可能便结，可试喂 1～3 茶匙(5～10 毫升)的石蜡油，视其体形大小而定。不可乱用其他泻药，严重便结时要请教兽医。

h.喂以较稀的饮食，营养要特别丰富；特别是临产前的 3 周，应比平时加多 1/4～1/2 的分量；尤其要多些蛋白质和钙质，以鱼和肉类为主。狗儿食欲好的话，可多喂一些；但最好分餐喂，因为它的子宫增大，可供胃部膨胀的空间便相应减少。不要喂饲过量，以免积滞而弄巧成拙，脂肪性食物更不可太多。

生产

◆生产前的准备

准备好产房，让它在安静、舒适、不受干扰的环境下待产。在爱犬平时的生活空间内找一个僻静的地方，或者是利用它住惯的犬笼，在外围上木板、纸板或其他东西，在里面铺上旧浴巾、布条等就可以了。因仔犬出生后要保温，所以电灯或电热毯等也是舍内不可缺少的设备。

准备线，绑脐带用，以白色棉线为佳，长度以打结时顺手为宜。准备剪刀，剪脐带用，须以酒精棉消毒。准备毛巾、旧报纸数张、准备碘酒、酒精、准备催产素、止血药等备用。

◆生产的征兆及过程

犬的妊娠期为 58～63 天之间，故配种后我们可以依据第一次的交配日来预定生产日，在预定生产日之前后几天，都有可能是你爱犬的生产日。在生产日来临之前几天，应将母犬腹部及乳头周围的毛剃除，阴部周围的毛也要剪短，并将母犬整理干净，便于生产。

阵痛开始前母犬会烦躁不安，或往暗处躲，或以前肢不停的趴地等动作；有些母犬还会将吃下的食物吐出，或不吃东西，并且张口不停地喘气，这些都是生产的前兆。

当然每只狗的征兆不尽相同。阵痛开始的8～12小时前母犬的体温会从原来的38° 降到37° 以下(肛温)。灵猩分娩的过程大致如下：

a.当母犬有伸背、缩腹、用力等现象时，是阵痛的开始。

b.阵痛频繁时，有些母犬会经破水而分娩，也有少数母犬不经破水就开始生产。随着阵痛，产道会扩张；胎儿也因子宫的抽动而从子宫颈滑至子宫体，推开子宫颈管，而把头或后肢插入骨盆内，此过程快者3分钟，慢者2小时。

c.胎儿的头部或后肢以横向侧卧而入骨盆腔，进入后在耻骨上方回转成俯卧姿势，此时母犬的阵痛也达到最高。被强烈收缩挤出的仔犬，在颈部通过耻骨往下前进时，我们翻开外阴部，可以看到被胎膜包围的胎头、后肢等身体部分。接着，由于更强烈的阵痛，胎儿便顺势被推出骨盆，包在胎膜内的胎儿便被分娩出来了。

d.胎儿到了母体外，脐带和胎盘仍然互相连接，而胎儿仍在胎膜内微动，此时善于自行处理分娩的母犬便会咬破胎膜及脐带，让新生仔犬破膜而出，并将仔犬全身的羊水舔净，此时新生仔犬会发出嘤嘤的叫声。在仔犬的叫声中，母犬一边用舌头舔动仔犬，给予慈爱关怀，一边将连接的胎盘和残余的胎膜排出。

e. 当母犬把胎盘排出后，对新生仔犬应给予保温并隔开，待母犬将腹内仔犬全部分娩完毕，才给它拭净奶头，让仔犬吸奶。如果两只仔犬生产间隔超过6小时以上则另行处置。

◆生产的间隔

怀有两只以上胎儿的母犬，其生产间隔都有差异，年轻体力充沛的母犬大部分较有力量，其生产间隔较短，同时阵痛的力量有较强趋势。

阵痛的出现和阵痛的强弱，有时在某种程度内会受母体本身意识的影响，有时关系到生产环境是否满意，及母犬所信赖的主人是否在身旁等等因素。因此，假如母犬的分娩时间延长，则饲主可以把母犬带到户外走动，让它轻松一下并且适量的活动，可以使仔犬早点产下。至于两胎之间超过 6 小时以上，则可能由于母体过于疲累，或上次生产曾有大出血所引起，因此必须视情形尽快找兽医帮助。

助产

以上是母犬顺利生产的一般状况。平日备受娇惯的母犬，在阵痛之时往往缺乏斗志而不知所措，既不会使力，分娩后也不会咬破胎膜，而使仔犬窒息而死。因此在生产时饲主得特别照顾，帮助它顺利的生产。

产前活动 阵痛开始后，母犬因疼痛而多睡卧，懒于走动，若停滞时间过久，则会影响胎儿向产门蠕动行进，故宜牵出室外附近走动。这样可以缓解母犬紧张的心情，并且适量活动可促使仔犬顺利导向产门。

催生方法 母犬坐产过久，仍不能产出，或坐产无力，仔犬难以通过产道，则可以催生。催生的方法，除牵出室外运动及以手推摩母犬腹部帮助用力外，医院最常用的方法就是注射催生针。催生针的效果极佳，但催生针使用不当时，却会引起严重的不良后果。如果母犬是因骨盘扩张缓慢，在未开至适当宽度前使用催生针，仔犬非但不能产出，母犬也会因为过分用力而将子宫撑破，那太危险了，因此催生针剂的使用应请教兽医。

人工接生 有些母犬首胎生产，无生产经验，既不会撕破胞膜，也不会咬断脐带，此时还

是人工接生更可靠安全。首先见到胞衣慢慢自阴部露出，随着母犬使力向外生出，在露出部分未超过 1/2 前不宜勉强拖出，待超出一半后如滑出顺利也不需助力，如超出 1/2 后出生仍极慢，为节省母犬的体力及防止仔犬休克，可用纱布裹住仔犬，配合母犬向外努责时向外拉出。向外拉时，力度要适当，需注意勿用力过猛而伤了胎儿，尤其不可将胎衣及脐带拉断。仔犬出生后，首先自头部撕破胞衣，并速将仔犬口内黏液、羊水除净，使仔犬呼吸顺畅，然后用两手将胞衣连脐带握牢，慢慢将胎盘拉出，要小心不可拉断。胎盘出来后立即用消毒过的棉线，自仔犬肚脐 1 厘米处扎结，再予以剪断，断脐处需用碘酒消毒。断脐后，立即用干布将仔犬全身擦干(或以温水洗净后再擦干)，并揉背部使仔犬叫出声，然后放入铺好垫布的笼内，并用电热毯或电灯保温。处理妥当后，将母犬身上稍为拭净，再换生产用的报纸，然后将胞衣、胎盘等秽物收拾干净，如此即完成一只小狗的接生工作。

胎盘、胞衣的处置 母犬生产后所排出的胎盘、胞衣若母犬喜欢吃，可以少量给予。胎盘、胞衣可助母犬恢复体力，促使乳汁分泌，并可增强初乳中的免疫力。但如吞食过多，会引起母犬消化不良及下痢等症状，故不可多给。

生产完毕的确认 以手触摸母犬腹部，若两侧均柔软无硬块，且母犬已不再有待产的情况，即已生产完毕。

产后清洁 母犬生产完毕后，下半身均被羊水污血弄脏，故宜以温水将尾部周围洗净吹干，并以酒精棉及温开水将奶头附近擦净，稍事休息后再让母犬哺育小狗。

帮助仔犬哺乳 健康的仔犬在分娩出后即会吸吮母乳，若不会吸乳时，可将其嘴巴打开让其含住乳头，即会开始吮乳。分娩后的数日内要特别注意是否吸到足够的乳汁。如果仔犬有活力，体重平稳的增加，则其吸入乳汁充足。吸入充足乳汁的初生仔犬第 1 天体重约增加 5 克，第 2 天起每日增加 10～20 克。

难产及处置

有些母犬因近亲繁殖，或原本生殖机能就不太健全，又加上管理上的偏差，就容易发生难产。现将灵猩难产的各种情形略述于后：

难产情形、原因及处置一览表

难产情形	原因		处置
阵痛微弱	平时缺乏锻炼，生产时用力不足，血液钙质过低或荷尔蒙不活性引起		由医师据临床症状注射阵痛促进剂
产道狭窄	盆骨狭小、阴道发育不全或狭小		请兽医行剖腹产
胎位不正	逆位	胎儿以后肢朝向产道	多为顺产，若头部被卡住，予以协助
	后头位	进入盆骨，胎头呈俯卧状，鼻朝向胸部，脖头卷曲，头部宽度增加	无法顺产，及时请兽医协助调整
	臀位	逆位生产时，后肢缩向腹位以臀朝向产道，臀部变大	应设法转位，使其顺利生产
	侧体位	误入子宫角，胎儿屈成乙形，以一只脚朝向产道	形成绝对难产，转位后试着以镊子夹出，否则进行剖腹产
胎儿过大	胎头比母犬产道大得多		差异不大，可剪开会阴取出，否则进行剖腹产
胎盘早期剥离	分娩日未到，胎盘即由子宫剥离，阴部流出墨绿色分泌物		至少一只仔犬死亡或处于死亡边缘，请兽医处置
剖腹生产	以上各种难产，用尽办法无法顺产时		只能借助剖腹生产
流产	8周前生产，母犬受撞击、缺乏黄体荷尔蒙、细菌侵入子宫		弄清原因加以预防
早产	满8周但未熟产出、胎儿过多、肚子受寒、黄体荷尔蒙不足		细心照顾早产儿
迟产	超过预产期4天		预防胎儿过大的难产

第八章

运动伤害与急救

犬类运动不断发展，比赛逐渐增多，这使犬类运动医学应运而生，犬类运动医学可以解决特殊运动病理产生的问题。

减少运动伤害的预防措施

往前移动四肢，犬就可能有因参加某一运动而带来的几十块像人类一样的肌肉运动，可能因运动不当，给运动系统的骨头、关节、腱、韧带等带来毛病，如挫伤、脱臼，甚至骨折等，也会受到炎症的影响，如腱炎。目前已使用复杂的诊断方法如超声波、温度记录法等用于治疗。同时，在训练期间使用物理治疗法用以恢复。

为防止运动伤害的发生，一些犬科专家提出了以下预防措施：

a.犬运动训练须有计划的经常进行，让犬在比赛时发挥最大的潜能。

b.犬必须经过训练，这样就会自动形成与所需运动相适应的优良形态。犬必须适合各种工作环境，这样就可以让脚活动自如。

c.练习或竞赛开始前应做热身运动，练习和竞赛结束后做放松运动。

d.必须饮足够的水以防止脱水，肌肉损伤程度应减至最小。

e.食物的类型应与运动的类型相适应，食物量应该能够保持犬健康。

f.训练前应检查场地与器材，消除潜在的不安全隐患。

犬脱水临床评价

脱水比例	临床症状	治疗
<5	没有变化	给犬喝水
6	皮肤有少许褶皱(a)	给犬喝水
8	皮肤有明显褶皱 毛细管再充水 2~3 秒(b) 稍微有内眼炎 嘴巴黏液细胞膜干燥	给犬灌水
10~12	几次皮肤褶皱 毛细管再充水时间长达 3 秒 极冷的环境下，内眼炎明显 肌肉痉挛，偶尔有心动过速	给犬灌水
12~15	休克状态 逼近死亡	紧急抢救

(a) 测试腰部区沿背线的皮肤褶皱。颈部不测试，因为那里皮肤自然松弛。(b)正常毛细管再充水在 1.0~1.5 秒间。

常见运动伤害的急救处理

◆发生意外时要保持镇静

发生紧急状况的时候，一定要头脑清楚、保持冷静，因为你的狗会感染你的情绪。如果必要的话，花几分钟重新整理思绪，让自己冷静下来。

不管狗在运动中受到了何种伤害，你一定要先尽量安抚你的狗。如果它因为恐惧或疼痛而看起来想咬人，你必须先给它戴上嘴套，然后拴住它。

尽快评估狗的生命现象，看看和平时有何不同。它休息状态的心跳次数应该是每分钟 80～120 下，每分钟呼吸次数在 20 次左右。正常的肛温应该介于 37.8～39.2℃。如果它一直抗拒量体温，你只好检查它的耳朵、鼻子、四肢。如果这些部位的温度比平常高或低，那么它的体温也不例外。

如果你发现任何割伤、抓伤或其他伤痕，带狗去兽医那里诊治。如果狗需要人抱，务必小心抱；如果狗需要固定不动，请一个人帮忙，一起把狗抬到临时担架上。

◆创伤的急救处理

每一个伤口和意外都要当作紧急事件处理，直到兽医断定狗会没事为止。即使是小抓伤后来也可能感染，而刺伤如果没快速处理好，也可能长出脓疮。用清水或双氧水（3%）清洁小伤口，然后擦上优碘、消毒药或别种防腐杀菌药水。用清水和肥皂清洗周围的皮毛，然后涂上新霉素之类的软膏。避免接触任何看起来奇怪的伤口，因为可能是蛇或其他动物咬伤的，毒液或细菌可能还在伤口上。你应该戴上手套才开始清洁工作，然后用绷带包扎，尽快送医。

如果伤口流血，用纱布在受伤部位稍微加压，然后包扎起来。如果绷带太紧，伤口附近会轻微肿起。如果血流停止或变慢，就可以轻轻覆盖伤口然后送医治疗。如果血流太严重而无法止住，而伤口在四肢或尾巴，可

以用一条厚绳或纱布充当止血带，在伤口上方靠近心脏的地方绑住。每20分钟要把止血带松开几分钟，让血能流到受伤部位。立刻带狗去给兽医治疗，注意有无休克现象，因为休克可能是失血过多造成的。

局部疼痛、跛行或肿胀可能是瘀伤、肌肉拉伤或扭伤。如果小问题没有在几天内自行痊愈的话，就必须寻求协助。如果问题更严重，你可能需要用夹板固定四肢或身体部位。如果四肢从某处关节或骨头的正常位置变形偏离，表示可能有骨折，立刻把狗送医，尤其是骨头刺破皮肤的穿透性骨折。

◆正确搬动受伤的狗

在你带狗到兽医诊所之前，你应该决定是要固定它、抱着它或是帮它进入车子。当然这必须依照狗伤口范围来决定是否应该用夹板固定骨折部位要视何种骨折而定。如果是移动式骨折，四肢会吊在折断部位以下，此时要做一个临时夹板，轻轻夹住四肢，而且衬上棉球，甚至纸尿布。然后拿一块硬纸板沿着受伤的腿部靠在受伤那一侧，用弹性绷带固定，这样可以让腿部固定不动， 而且不会阻碍血液环境。如果有一段骨头好像悬垂着，而你不知道断的位置在哪里，不要试图用夹板固定脚。如果复杂性骨折你无法固定，就只要把干净的绷带覆盖在露出的骨头部分即可。

尽量轻声安抚劝狗上临时担架。如果腿部有部分麻痹现象、轻微疼痛或毫无疼痛，可能是脊椎骨折，这时不可直接把狗抱起。必须让它躺在木板上，避免脊柱再受到进一步伤害。把它抬上车的时候尽量让它保持平静不动，小心翼翼避免再度引起疼痛，事先打电话给兽医，让他早做准备。

◆休克症状的急救处理

如果狗的身体突然紧张起来，血流不足，组织无法获得足够氧气，它就容易休克。如果狗受重伤，得重病，服药剂量过多或任何其他突如其来的身体系统改变，都可能先引起心跳加快，呼吸急促，因为身体正在想办法调节。如果不加以处理，身体最后不会缓和下来，使伤势和病况的影响减缓。狗的身体系统可能负担过重，以至于全部停摆，最后导致死亡。

休克症状除了脉搏虚弱快速，呼吸急促短浅之外，还包括体温降低或颤抖，四肢冰冷，皮肤苍白，安静而无活动力。血流供给不足可以简单检查出来，用手指按狗的齿龈直到齿龈变白，如果血流正常的话，应该在一两秒之内就会恢复正常的粉红色。

如果你的狗休克了，先处理最紧迫的症状。让它的头低于身体，如果它失去意识，除去它口中的分泌物。如果它没有呼吸，帮它做心肺复生术，但前提是你知道正确方法。等到它情况稳定了，用温暖的毛毯包着它，带去兽医诊所。可以用担架或是你自己抱。

◆呼吸困难的急救处理

如果你的狗呼吸困难，可能有异物阻塞在它嘴里或喉咙里，或是它有心脏毛病甚至可能是休克。为了找出确切原因，你应该快速检查它的生命迹象。

你的狗脚上踩的东西最后都可能进到它嘴里而卡在喉咙。如果它够冷静，你可以除去异物。也可以使用海姆利克操作法让呼吸道里的异物排出。正确的操作法是：站在它的后方，两手环抱住它腹部，就在肋骨下方，然后快速施压几下，或是把手掌弓成杯状，同时拍击胸腔两侧。小心控制你的力度，尤其是小型狗，因为太用力可能会折断它的肋骨。

◆痉挛的急救处理

痉挛的症状包括无法控制而原因不明的颤抖，失去意识，排泄无法控制。不要抓住你的狗，只要轻轻用毯子包住它，保护它的头，等痉挛结束。记下它最近吃过的东西，痉挛之前和之后的行为，以及发作时间长短与强度。如果痉挛时间超过几分钟或是连续发作，就应该尽快送医，或是打电话给兽医告知痉挛情形，请教处理方式。

◆中暑、冻伤的紧急处理

如果天气很热或很冷，狗的身体系统可能无法适应。中暑、冻伤、低体温症都可能发生。活动力降低，呼吸短浅，皮肤苍白冰凉都是低体温症的症状，在这种情况下，狗的体温急剧下降，身体无法集合足够热量，甚至会用颤抖方式产生热量。你可以用毛巾或毯子让它保暖，或是用吹风机吹冰凉的四肢末端。如果它一直无法回升到正常体温，或是失去意识，就必须打电话给兽医了。

耳朵、脚掌肉趾、尾巴尖端最容易冻伤而变白，此时要把狗带进屋内或防风的地方，用你的手温暖冻伤的部位，用你的体温保持它身体温暖。如果它还是寒冷或没精神，可以慢慢敷上温热的敷布，不可使用热水或热敷布，因为回温太快会让狗的血管急速膨胀而导致血压急剧下降。记得要打电话请教兽医。

物理和专业治疗方法

物理治疗是通过使用各种无害疗法恢复身体的正常功能。物理治疗是兽医医学领域的最新发展，使用这些方法可以促进运动犬的恢复，不过物理治疗还在起步阶段。物理治疗有热疗法、肢体的被动运动、神经肌肉刺激或简单的重新训练方法等。使用科学物理治疗法有助于犬从骨科或肌肉的外科手术中得到恢复，或运动犬体力恢复。

◆物理治疗的好处

物理治疗旨在恢复运动犬受伤躯体部位的功能。事实上，外科治疗肌肉、腱、韧带的损伤，矫正骨折，这只是动物身体恢复的第一步。当没有

足够的后继训练时，犬运动性能会受到影响。物理治疗有一大好处是可以让动物的主人参加治疗，主人就可以部分负责犬的恢复。物理疗法对病犬的好处还包括以下几个方面：

a.增强血液循环和淋巴流动；

b.减轻炎症；

c.加快替换组织的制造；

d.防止关节周围组织的挛缩；

e.促进恢复受伤部位的功能；

f.防止肌肉萎缩。

◆热治疗

热治疗对于运动恢复十分有效。热治疗能够在表面进行，例如当脚趾受伤时，或者能够依靠热传导治疗，例如超声波和微波治疗。热治疗同样也可以借助超声波设备治疗严重的创伤。热治疗有如下益处：

a.减轻炎症反应的严重程度；（热、疼痛、肿胀、肌肉痉挛）

b.促进加热组织的新陈代谢速度；

c.使得纤维创伤组织更加柔韧；

d.增加血液流动；

e.降低疼痛。

◆被动活动和按摩

被动活动是治疗者对犬只强加的运动，试图恢复关节的运动范围，或者恢复柔软组织的柔顺性和弹性。这是治疗创伤的重要工具，防止组织黏着，保持关节的正常运动，促进血液和淋巴流动，防止肌肉挛缩以及关节僵化。这种类型的治疗可以在外科手术开始时同时进行，可持续 2～3 周。按摩疗法在没有肌肉损伤时使用，可降低疼痛，促进血液流通。

◆游泳恢复

游泳可让关节得到伸展，肌肉可以在负荷不太大的情况下工作。同样也可以使关节大范围的运动，可以在外科手术结束时进行游泳。

◆电刺激

通过皮肤，可用独立小元件带电刺激神经肌肉，可以使主要的肌肉群收缩有节奏。这种方法可以防止被动休息或某些部位一直不动而产生的肌肉萎缩。

◆低能激光

同样可利用低能激光和脉动调节电磁波，对治疗肌肉和腱的创伤似乎有好处。一个好的物理疗程是犬完全恢复的必要条件。通过使用以上讨论的方法，兽医和主人能够合作设计一种有效的专业治疗程序，程序可持续几周。

◆物理疗法备忘录实例

实例：灵猩遭受股骨骨折，通过外科手术治愈，其方法是矫正骨折，并插入一块夹板。

第一周

臀部和后膝关节被动活动
对腿进行按摩
用冰块敷在疤痕区，防止产生炎症和水肿
带电刺激大腿肌肉（特别是四头肌）

第二周

切除组织
被动运动
按摩
如果需要，使用冷敷布带电刺激

第三周

肌肉透热法
被动活动
带电刺激
游泳（每周 3 次，每次 1 分钟）系短皮带走动

第四周

肌肉透热法
被动活动

游泳(每周 5 次,每次 1~2 分钟)系皮带走动

第五周和第六周

游泳

第七周和第八周

主人施以物理疗法

系皮带走动,在斜坡,坡道或楼梯走动

所有使用物理疗法的情况下,记录动物每天的进展情况很重要。在持续几星期的程序中，犬只有达到前几周的目标才能进行下一个步骤。主人只有在动物姿态恢复正常时才能停止治疗。

常见运动伤害的治疗

◆骨折

由于冲撞、打击、跌倒、坠落、牵引、压轧等外力的作用所造成的骨折。骨折是骨的连续性和完整性因外力作用或病理因素遭受破坏的状态。骨折的同时常伴有周围软组织不同程度的损伤。

临床症状

A 骨折的特有症状

变形：由于骨折断端移位、肌肉保护性收缩和局部出血,使骨折外形和解剖位置发生改变。全骨折时常见成角、侧方、纵轴、旋转、嵌入等移位,患肢呈弯曲、缩短、延长等异常姿势。不全骨折时,肢轴不变形,仅患部出现肿胀。

异常活动:全骨折时,活动远侧端出现异常活动。

骨摩擦音:骨折两断端互相触碰,可听到骨摩擦音,或有骨摩擦感。但在不全骨折、骨折部肌肉丰厚、局部肿胀严重或断端间嵌入软组织时,

通常听不到。

B 骨折的其他症状

有出血、肿胀、疼痛、功能障碍等。

C 全身症状

轻度骨折一般全身症状不明显。严重的骨折伴有内出血、内脏损伤时，可并发急性大失血和休克等一系列综合症状。闭合性骨折于损伤2～3天后，因组织破坏后分解产物和血肿的吸收，可引起轻度体温升高。骨折部若继发感染时，体温升高，局部疼痛加剧，食欲减退。

诊断措施

根据外伤史、患肢变形、异常活动和骨摩擦音等症状，一般不难诊断。为了清楚地了解骨折的状态和骨折后的愈合情况，X光检查具有重要价值。

治疗方法

骨折治疗原则是紧急救护，正确复位，合理固定，促进愈合，恢复机能。

A 急救：于原地进行救治，主要是保护伤部，制止断端活动，防止继发性损伤。应就地取材，用竹片、小木板、树枝、纸壳等材料，将骨折部固定。其次，严重的骨折，应防止出血性休克，出血处用压迫绷带、布条或直接压迫。最后，对开放性骨折，要预防感染，可于患部涂布碘酊，创内撒布抗生素等药物，然后进行包扎。

B 整复：骨折整复是使移位的骨折断端重新对位，重建骨骼的支架作用。根据骨折的严重程度，选择适宜的整复时间。

对轻度移位的骨折，应在骨折1～2天肿胀减轻后进行。由助手将病肢远端进行适当的牵引，用托压挤按的手法，即可使断端对正。对骨折部肌肉强大而整复困难时，可用机械性牵扯引法，按“欲合先离，离而复合”的原则，先轻后重，沿着肢体纵轴作对抗牵引，矫正端骨复位。

复位是否正确，要根据肢体外形，特别与健康肢对比，检查病肢的长短、方向，并测量附近几个突起之间的距离，以观察移位是否得到矫正。

有条件的最好用X光检查配合修复。

C 固定：骨折整复以后，为了防止再移位和保证断端在安静状态下顺利愈合，必须对患部进行有效的固定。

外固定：常用的外固定方法有夹板绷带、石膏绷带、支架绷带等。

夹板绷带主要用于四肢骨折的固定，一般选用具有韧性和弹性的竹片、木条、厚纸片或金属板条等，按肢体形状制成相符的弯度，并内衬衬垫，用纱布、布带或细绳进行固定。

石膏绷带固定，首先保定病犬，必要时注射麻醉药物，再于病肢体上、下两端各绕一圈薄的纱布棉花衬垫物。同时将石膏绷带浸没于温水中，待石膏绷带浸泡适中（气泡完全排出为限），取出绷带，挤出多余水分。先从患肢远端环形绕起到近端，再来回作螺旋状逐层缠绕，最后分开绷带末端，进行打结固定。在缠绕时，应注意石膏绷带上、下端不能超出衬垫物，同时缠绕绷带的松紧要适中。为了加速绷带硬化，可用电吹风机吹干。

支架绷带主要用于四肢腕、跗关节以上的骨折，可以制止患肢屈曲、伸展，降低患肢的活动范围，以防止骨折断端再移位。常与夹板绷带、内固定等结合使用。犬用妥马氏(Thomas)支架绷带效果较好，即用直径0.3～0.5厘米的铝棒或钢筋制成。由上面的近似圆形的支架环和与之相连的两根支棒构成。环的大小和角度要适合前臂和胸壁间，或大腿与胁腹间的形状，勿使与肩胛部、髋结节等部位摩擦。前、后肢的支架棒要弯成和肘关节、膝关节、跗关节相符的角度。

内固定：用手术方法暴露骨折段，进行整复和内固定，可使骨折部达到解剖学复位和相对固定的要求。特别是当闭合复位困难，整复后又有迅速移位，外固定达不到复位要求以及陈旧性骨折不愈合时，采用切开复位和内固定的方法是有效的。内固定的方法很多，应用时要根据骨折部位的具体情况灵活选用。

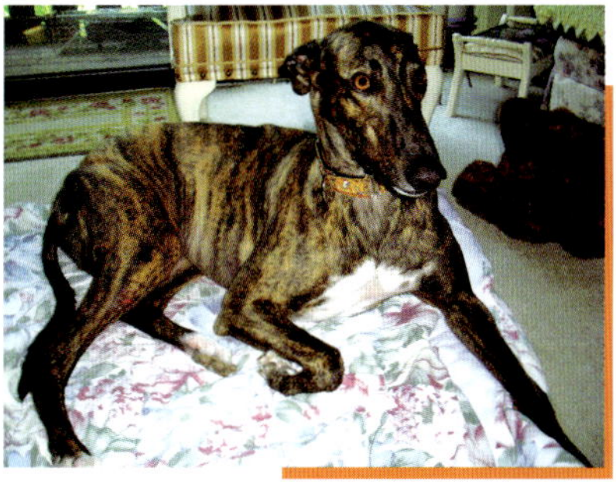

一般有髓内针（钉）固定、接骨板固定、螺丝钉固定、钢丝固定等方

法。内固定时必须严格地遵守无菌操作，细致地施行手术，最大限度地保护骨膜和减少骨折部神经、血管的损害，积极主动控制感染，这些都是提高治愈率的必要条件。

D 药物疗法：使用一定的辅助疗法，有助于加速骨折的愈合。外敷药物可选用消肿止痛、活血散淤的中药，熬制成糊状，涂于骨折部周围，再用绷带缠紧固定。同时，可内服云南白药或七厘散等。为了促进骨痂的形成，可给予维生素 A、维生素 D 及鱼肝油、钙片等。为了防止开放性骨折感染，应用抗生素疗法。

E 物理疗法：骨折愈合后期，常出现肌肉萎缩、关节僵硬、骨痂过大等后遗症。可进行局部按摩、搓擦，增强功能锻炼，同时配合石蜡疗法、温热疗法、直流电钙离子透入疗法、中波透热疗法和紫外线疗法等，以促进早日恢复功能。

◆骨关节病

本病也称骨关节炎、变性性关节炎，是一种慢性骨关节病，以患病关节进行性炎症、性增生和变性为特征。多发生于髋关节和膝关节，可由外伤、畸形、血管障碍和代谢障碍、激素不平衡、继发感染等引起。

临床症状

缓慢发展的跛行，常有不同程度的疼痛，关节僵硬随运动而减轻。可发生“嘎吱”声，有关肌肉表现萎缩。关节腔偶有积液，触诊可感知关节周围的骨质增生。有些大型品种犬在骨成熟前也表现出骨关节炎的变化。

诊断措施

根据病情逐渐加重和关节骨增生，软组织不肿胀，可做出诊断。X 射线摄影可确诊。

治疗方法

完全治愈的可能性不大，以减轻疼痛、维持关节的功能为原则。因此，一般本病患犬多做淘汰处理。有价值的犬，可参考下列方法治疗：

A 药物治疗：投与水杨酸钠，出现镇痛效果后，改用阿司匹林 10～30 毫克 / 千克体重，每日 3 次口服，维持量为 2～5 毫克 / 千克体重；保泰松 50～100 毫克，消炎痛 0.5～1.0 毫克 / 千克体重口服，每日 2～3 次，效果较好。但保泰松不能长期使用。

B 手术疗法：外科手术切除股骨头，搔刮病灶，修复十字韧带和膝关节亚脱臼等，以固定关节。

另外，肾上腺皮质激素类药物注入关节内有明显效果，但不能连续使用。

患犬应注意限制运动，避免受损关节的活动。肥胖犬应更换低能量食物，减轻关节负重。

◆髋关节发育异常

髋关节发育异常是以髋臼变浅、股骨头不全脱臼、跛行、疼痛和肌肉萎缩为特征的多基因所致的复合性疾病。本病不是一种独立疾病。大型犬 7～9 月龄最多，其发病率较高，危害严重。犬本病是多因子或多基因遗传性疾病。主要表现为肌肉和骨骼以不同速度发育成熟，致使主要依赖肌肉组织固定关节（如髋关节）不能保持稳定。

临床症状

一般在幼犬 5～6 月龄时，开始出现髋关节疼痛和跛行，特别是后肢跛行明显，步幅异常，往往一后肢或两后肢突然跛行，起立困难，站立时患肢不敢负重，行走弓背或躯体左右摇摆，运动时可听见“喀嚓”声。关节松弛，触诊髋关节时，疼痛反应明显，反抗咬人，有的病犬因疼痛显著而出现食欲下降，精神不振。

随着病情逐渐恶化，2～3 岁时可发展为典型的骨关节炎。但并发骨骼骨软骨病的于发病后 10～12 个月也有跛行减轻的。

当触压髋关节时，疼痛反应明显。病犬不愿行走，坐势异常，上下台阶困难。

诊断措施

根据病史和临床症状以及 X 光检查可做出诊断。

治疗方法

A 保定疗法：髋关节发育异常早期可强制病犬休息，减少髋关节压力和磨损，防止不全脱臼进一步发展。同时使用保泰松、强的松龙等镇痛消炎剂，减少疼痛。

B 手术疗法：手术有骨盆切开术，股骨头、颈切除术及耻骨肌切断术等。

◆膝盖骨脱臼

膝盖骨脱臼是膝盖骨由正常位置（滑车沟上）向内侧或外侧脱出的状态。以髋关节内偏、股骨颈前倾度降低为特征，同时，导致后肢屈曲的同时表现肌肉萎缩。临床上把本病分为三类，即外伤性、习惯性、先天性。

临床症状

A 外伤性：多见于膝盖骨内脱位。突然发病，关节疼痛、肿胀，站立时患肢强直，呈压后姿势。

B 习惯性：主要是膝盖骨上方脱位，表现间歇性跛行。脱位时，患肢离地，以三肢跳跃式行走，患肢不能屈曲。

C 先天性：出生 6 周后，膝关节明显变形。

诊断措施

根据视诊、触诊、强迫运动及与侧健肢比较可以诊断。

治疗方法

A 外伤性：治疗外伤性的同时，应及时对膝盖骨进行复位。如有感染应进行全身抗生素疗法。

B 先天性和习惯性：可采取手术的方法，如缝合外侧关节囊、加深滑车沟、重造关节周围韧带或关节囊。

◆体椎间盘突出

椎间盘突出是椎间盘纤维环破裂和髓核突出，压迫脊髓而引起以运动障碍为主要特征的一种脊椎疾病。

临床症状

颈椎间盘突出时，疼痛突出症状，呈连续性或间歇性，病犬常突然痛叫，运动时疼痛剧烈。犬颈部、前肢过度敏感，触诊颈部疼痛剧烈和肌肉极度紧张，颈部伸直或侧弯，鼻尖抵地，耳竖起，腰背弓起，严重者前后肢麻痹，步态不稳，共济失调或四肢截瘫。

胸腰椎间盘突出时，轻者，不愿走动，呻吟，局部疼痛敏感，活动不灵活，呈弓背、紧腹姿势。重者，出现紧张性或弛缓性轻瘫，后肢及臀部麻痹，导致呼吸紊乱。

诊断措施

通过仔细的神经系统检查和 X 光诊断，可获得正确的诊断和病变定位。

治疗方法

A 对症疗法：采取限制犬活动、消炎镇痛的方法。口服乙酰水杨酸 300 毫克，3 次 / 天；口服保泰松 40 毫克，3 次 / 天；三磷酸腺苷二钠 5～10 毫克；皮下注射，1～2 次 / 天；维生素 B_1、维生素 $B_2$50～100 毫克，皮下注射，2 次 / 天。

B 物理疗法：热水浴、远红外线、超声波、磁疗法等方法有一定效果。

C 中医疗法：利用针灸、口服中药、全身按摩的方法来治疗本病。

D 手术疗法：对于以上方法均无效的病例，可采取手术疗法。

◆关节创伤

关节创伤是关节囊、关节韧带以及关节部软组织的开放性损伤。常由锐性外力撕裂、挫切造成，按关节囊是否与外界相通，分为关节透创和非透创。

临床症状

A 关节非透创：轻者关节皮肤破损，出血，疼痛，轻度肿胀，重者皮肤创口下方形成创囊，内含挫灭组织和异物，容易引起感染。

B 关节透创：创口流出黏稠、透明、淡黄色的关节滑液，有时混有血液或由纤维素形成的絮状物。

诊断措施

根据临床症状、关节穿刺、细菌学鉴定、X光检查诊断。

治疗方法

关节腔穿刺或切开排脓，冲洗引流，随后注入皮质激素和抗生素混合液。

经药物试验后选择敏感抗生素，静脉输液，连续应用数周，直至感染控制、平息。

适当活动关节，防止粘连，但病程较久的，关节软骨和关节破坏一般较为严重，炎症控制后关节往往有不同程度的强拘，功能不能完全恢复。

◆黏液囊炎

黏液囊炎是黏液囊化脓性或非化脓性炎症。常见于猎犬等大型犬，多在肘头部发生。多是黏液囊遭受机械性损伤刺激引起的。

临床症状

肘头黏液囊炎时，肘头顶端出现局部圆形、柔软的肿胀，初期温热，稍有疼痛，触诊波动，穿刺液往往是浆液性渗出液。继续发展，由于渗出液的浸润和黏液囊周围组织的增生，囊壁变厚，并发行纤维化，则肿胀变为坚实。

如黏液囊受感染，可继发急性化脓性炎症。由于囊内蓄积脓汁的侵蚀，囊壁破溃，形成黏液囊瘘，从中流出黏液性分泌物，经久不愈。

诊断措施

根据病史、症状、穿刺液检查可初步诊断。

治疗方法

治疗的原则是消除病因，制止渗出，促进吸收，消除积液，预防感染。

A 消除病因：在犬肘头部包裹护垫，防止肘部继续遭受损伤。

B 排除积液，制止渗出：用穿刺的方法将黏液囊内液体抽出，注入醋酸甲基强的松龙 20～100 毫克 / 次，1 次 / 天。

C 消除脓汁：对于感染化脓的，应早期切开排脓，刮去囊壁内层脓汁和组织，用双氧水清洗，再用生理盐水冲洗干净后注入 0.5% 普鲁卡因青霉素溶液。

D 外科手术：对黏液囊炎转为慢性的，应施行手术摘除。

E 抗菌消炎：全身应用抗生素治疗，如每千克体重青霉素 8 万单位、先锋五号 0.1 克，用 5% 葡萄糖 500 毫升稀释，静脉注射，1～2 次 / 天，用药直到炎症消除为止。肌肉注射减半。

◆腱炎

腱炎是腱的炎症。一般分为化脓性腱炎、非化脓性腱炎、侵袭性腱炎等几类。非化脓性腱炎是由于犬因长时间奔跑，急速奔跑或跳跃障碍时腱剧烈伸展，损伤腱纤维而发病；化脓性腱炎常因为腱的创伤感染或由于周围组织化脓性炎症的蔓延而引起；而寄生虫（蟠尾丝虫）则可引起侵袭性腱炎。

临床症状

急性腱炎犬突然发生不同程度的跛行，患部增温，肿胀疼痛。如病因不除掉或治疗不当，则易转为慢性炎症，腱变粗而硬固，弹性降低乃至消失，出现腱的机械障碍。或因损伤部位的肉芽组织机化形成瘢痕组织，腱短缩，甚至与之有关的关节活动均受限制，即腱挛缩。

经常反复损伤所引起的慢性纤维性腱炎，临床特征是患部硬固疼痛肿胀。病犬运动开始跛行严重，随着运动则跛行减轻或消失。休息后，慢性炎症的患部迅速出现淤血，疼痛反应明显加剧。化脓性腱炎常发部位在腱膜间的结缔组织，因而常并发局限性蜂窝织炎，最终可引起腱坏死。

诊断措施

根据病史、临床症状分析诊断。

治疗方法

治疗的原则是减少渗出，促进吸收和出血凝固，防止腱束的继续断裂，恢复功能。

A 急性炎症期：首先保持病犬安静，其次冷敷冷浴，外加绷带固定来控制炎症的发展和减少渗出，最后给予病犬消炎镇痛剂，如消炎痛、消炎灵等。另外，也可将盐酸普鲁卡因溶液注于炎症患部进行封闭疗法。

B 对亚急性或慢性：经过时间不久，应用热疗法，促进消炎和吸收，如温敷电疗、离子透入疗法、石蜡疗法。

C 对慢性腱炎：局部应用刺激剂，促进渗出物的吸收和增生物的消散，同时适当进行功能锻炼。

◆斜颈

斜颈是颈部向一侧倾斜的综合性疾病。后天性斜颈是颈肌和颈椎的外伤性障碍。大多数是因从高处坠落、颈椎骨折、脱臼或肌肉和皮肤断裂等多可继发。

临床症状

颈部屈曲一侧，步行时多向屈曲侧圆弧运动。局部热、痛，疼痛严重的犬，不能起立，逐渐以固定头部缓慢活动，呈弓背姿势，向屈曲对侧抬举前肢。

治疗方法

A 因犬瘟热后遗症和脱臼、骨折引起的斜颈，预后不良。

B 治疗外伤性斜颈，敷以冷、温湿布或按摩。

C 对神经和肌肉障碍的犬，每千克体重投与三磷酸腺苷二钠 2 毫克、维生素 B_1 1～2 毫克及地塞米松 0.2 毫克，皮下注射。

◆骨软骨病

骨软骨病是一种非感染性疾病，其特征是无菌性骨坏死和骨骼的某些部位有再生倾向。骨的发育中心，特别是那些容易牵引或压迫损伤生长迅速的骨最易发病。

临床症状

最突出的体征是跛行。触诊患部时，常见疼痛反应。若病损严重，患部肌肉可发生萎缩，有无外伤病史均可发病。本病主要发生于幼犬，多为 3～10 月龄。病程发展较缓慢，最初出现的体征与犬主发现的体征时间相隔较远，许多轻症病例可能因不注意而被忽视。

诊断措施

根据 X 光检查可做出诊断。

治疗方法

本病具有自愈性，一般只要保持患肢安静，防止负重，当患病幼犬成熟时，病变能完全痊愈，并能恢复其功能。

分离性骨软骨病例，必须以外科手术摘除关节内的骨片，方能恢复其功能。

BEST IN SHOW

1
Oaks & Masters 2008

PLUM CREEK
KENNEL CLUB
BEST IN
SHOW

CENTRAL WYOMING
KENNEL CLUB, INC.
BEST
IN SHOW

1
MANAWATU

It Ch Sobers Duvalia (母犬)

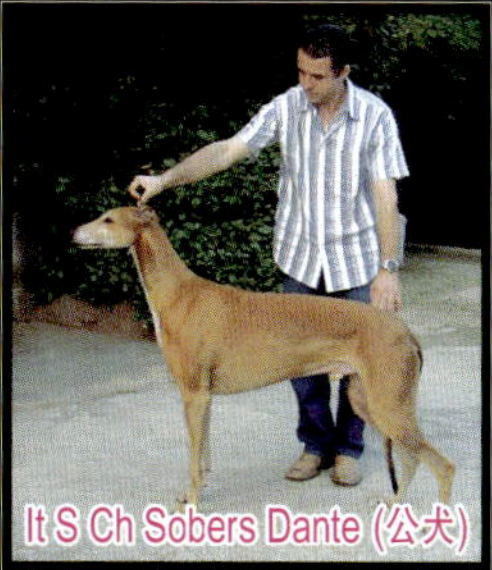

It S Ch Sobers Dante (公犬)

It S Ch Sobers Era (母犬)

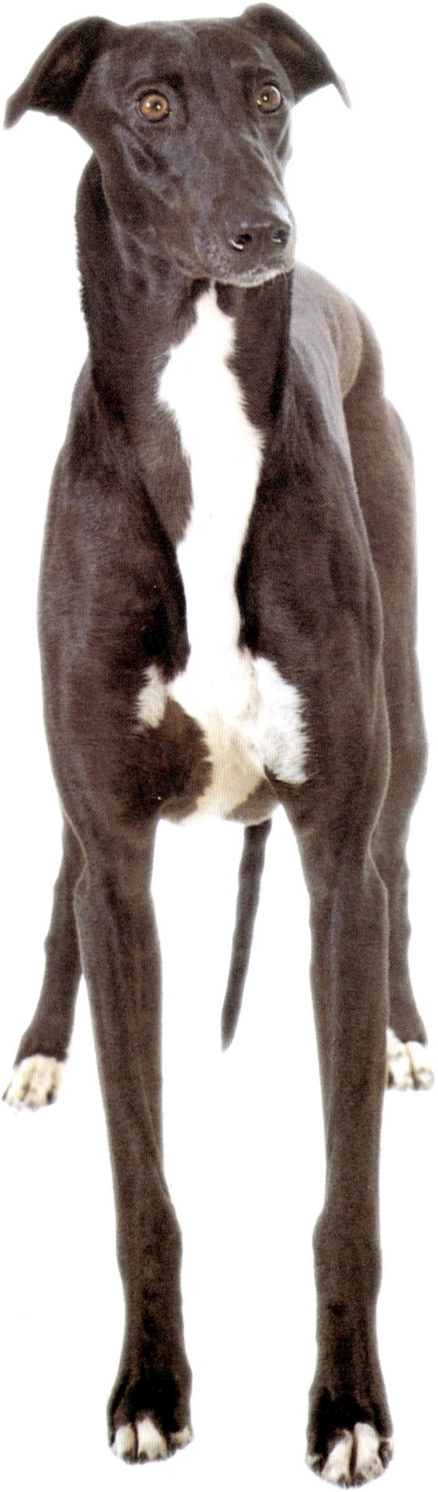

优秀犬只鉴赏